1+X 职业技能鉴定考核指导手册

汽车驾驶员

五级

编审委员会

主　　任　仇朝东

委　　员　葛恒双　顾卫东　宋志宏　杨武星　孙兴旺
　　　　　刘汉成　张　伟

执行委员　孙兴旺　张鸿樑　李　晔　瞿伟洁

中国劳动社会保障出版社

图书在版编目(CIP)数据

汽车驾驶员：五级/上海市职业培训研究发展中心组织编写. —北京：中国劳动社会保障出版社，2010

1+X职业技能鉴定考核指导手册

ISBN 978-7-5045-8809-8

Ⅰ.①汽… Ⅱ.①上… Ⅲ.①汽车-驾驶员-职业技能鉴定-自学参考资料 Ⅳ.①U471.3

中国版本图书馆CIP数据核字(2010)第261817号

中国劳动社会保障出版社出版发行

(北京市惠新东街1号 邮政编码：100029)

出 版 人：张梦欣

*

三河市华骏印务包装有限公司印刷装订 新华书店经销

787毫米×960毫米 16开本 6.25印张 109千字

2011年1月第1版 2016年4月第2次印刷

定价：12.00元

读者服务部电话：(010) 64929211/64921644/84626437

营销部电话：(010) 64961894

出版社网址：http://www.class.com.cn

前　言

职业资格证书制度的推行，对广大劳动者系统地学习相关职业的知识和技能，提高就业能力、工作能力和职业转换能力有着重要的作用和意义，也为企业合理用工以及劳动者自主择业提供了依据。

随着我国科技进步、产业结构调整以及市场经济的不断发展，特别是加入世界贸易组织以后，各种新兴职业不断涌现，传统职业的知识和技术也愈来愈多地融进当代新知识、新技术、新工艺的内容。为适应新形势的发展，优化劳动力素质，上海市人力资源和社会保障局在提升职业标准、完善技能鉴定方面做了积极的探索和尝试，推出了1＋X培训鉴定模式。1＋X中的1代表国家职业标准，X是为适应上海市经济发展的需要，对职业标准进行的提升，包括了对职业的部分知识和技能要求进行的扩充和更新。上海市1＋X的培训鉴定模式，得到了国家人力资源和社会保障部的肯定。

为配合上海市开展的1＋X培训与鉴定考核的需要，使广大职业培训鉴定领域专家以及参加职业培训鉴定的考生对考核内容和具体考核要求有一个全面的了解，人力资源和社会保障部教材办公室、中国就业培训技术指导中心上海分中心、上海市职业培训研究发展中心联合组织有关方面的专家、技术人员共同编写了《1＋X职业技能鉴定考核指导手册》。该手册由“理论知识复习题”“操作技能复习题”和“理论知识模拟试卷及操作技能模拟试卷”三大块内容组成，书中介绍了题库的命题依据、试卷结构和题型题量，同时从上海市1+X鉴定题库中抽取部分理论知识题、操作技能试题和模拟样卷供考生参考和练习，便于考生能够有针对性地进行考前复习准备。今后我们会随着国家职业标准以及鉴定题库的提升，逐步对手册内容进行补充和完善。

本系列手册在编写过程中，得到了有关专家和技术人员的大力支持，在此一并表示感谢。

由于时间仓促，缺乏经验，如有不足之处，恳请各使用单位和个人提出宝贵意见和建议。

1+X职业技能鉴定考核指导手册
编审委员会

目　录

CONTENTS　1+X 职业技能鉴定考核指导手册

汽车驾驶员职业简介 …………………………………………………（1）

第 1 部分　汽车驾驶员（五级）鉴定方案 ………………………（2）

第 2 部分　鉴定要素细目表 ………………………………………（4）

第 3 部分　理论知识复习题 ………………………………………（15）

汽车驾驶基础…………………………………………………………（15）

汽车的基本结构………………………………………………………（27）

汽车维护基础…………………………………………………………（53）

第 4 部分　操作技能复习题 ………………………………………（59）

故障诊断与排除技能…………………………………………………（59）

维修技能………………………………………………………………（69）

第 5 部分　理论知识考试模拟试卷及答案 ………………………（73）

第 6 部分　操作技能考核模拟试卷 ………………………………（85）

汽车驾驶员职业简介

一、职业名称

汽车驾驶员。

二、职业定义

驾驶汽车、电车，从事客、货运输的人员。

三、主要工作内容

从事的工作主要包括：(1) 按照交通规则，驾驶车辆进行客、货运输；(2) 分析、总结对驾驶车型的技术状况，提出维护修理建议；(3) 更换小件作业，排除运行中的故障；(4) 对行车事故、轮胎异常磨损原因分析讨论，提出预防措施；(5) 分析运输成本构成和单车经济核算；(6) 提出超限货物运输方式，参与制定运输方案。

第1部分

汽车驾驶员（五级）鉴定方案

一、鉴定方式

汽车驾驶员（五级）的鉴定方式分为理论知识考试和操作技能考核。理论知识考试采用闭卷计算机机考方式，操作技能考核采用现场实际操作方式。理论知识考试和操作技能考核均实行百分制，成绩皆达60分及以上者为合格。理论知识或操作技能不及格者可按规定分别补考。

二、理论知识考试方案（考试时间90 min）

题库参数 题型	考试方式	鉴定题量	分值（分/题）	配分（分）
判断题	闭卷机考	60	0.5	30
单项选择题		70	1	70
小计	—	130	—	100

三、操作技能考核方案

考核项目表

职业（工种）名称		汽车驾驶员		等级	五级		
职业代码							
序号	项目名称	单元编号	单元内容	考核方式	选考方法	考核时间（min）	配分（分）
1	故障诊断与排除技能	1	点火系统故障诊断与排除	操作	必考	15	25
		2	照明、仪表故障诊断与排除	操作	必考	15	25
2	维修技能	1	维修技能（一）	操作	必考	15	25
		2	维修技能（二）	操作	必考	15	25
合　计						60	100
备注							

第2部分

鉴定要素细目表

<table>
<tr><td colspan="5">职业（工种）名称</td><td>汽车驾驶员</td><td rowspan="2">等级</td><td rowspan="2">五级</td></tr>
<tr><td colspan="5">职业代码</td><td></td></tr>
<tr><td rowspan="2">序号</td><td colspan="4">鉴定点代码</td><td rowspan="2" colspan="2">鉴定点内容</td><td rowspan="2">备注</td></tr>
<tr><td>章</td><td>节</td><td>目</td><td>点</td></tr>
<tr><td></td><td>1</td><td></td><td></td><td></td><td colspan="2">汽车驾驶基础</td><td></td></tr>
<tr><td></td><td>1</td><td>1</td><td></td><td></td><td colspan="2">汽车行驶基础</td><td></td></tr>
<tr><td></td><td>1</td><td>1</td><td>1</td><td></td><td colspan="2">汽车正常运行的基本条件</td><td></td></tr>
<tr><td>1</td><td>1</td><td>1</td><td>1</td><td>1</td><td colspan="2">汽车正常运行基本条件的组成</td><td></td></tr>
<tr><td>2</td><td>1</td><td>1</td><td>1</td><td>2</td><td colspan="2">道路条件</td><td></td></tr>
<tr><td>3</td><td>1</td><td>1</td><td>1</td><td>3</td><td colspan="2">气候条件</td><td></td></tr>
<tr><td>4</td><td>1</td><td>1</td><td>1</td><td>4</td><td colspan="2">运输条件</td><td></td></tr>
<tr><td></td><td>1</td><td>1</td><td>2</td><td></td><td colspan="2">汽车驱动力和行驶阻力</td><td></td></tr>
<tr><td>5</td><td>1</td><td>1</td><td>2</td><td>1</td><td colspan="2">汽车驱动力的产生</td><td></td></tr>
<tr><td>6</td><td>1</td><td>1</td><td>2</td><td>2</td><td colspan="2">地面法向反作用力</td><td></td></tr>
<tr><td>7</td><td>1</td><td>1</td><td>2</td><td>3</td><td colspan="2">附着力</td><td></td></tr>
<tr><td>8</td><td>1</td><td>1</td><td>2</td><td>4</td><td colspan="2">汽车行驶阻力的组成</td><td></td></tr>
<tr><td>9</td><td>1</td><td>1</td><td>2</td><td>5</td><td colspan="2">滚动阻力</td><td></td></tr>
<tr><td>10</td><td>1</td><td>1</td><td>2</td><td>6</td><td colspan="2">空气阻力</td><td></td></tr>
<tr><td>11</td><td>1</td><td>1</td><td>2</td><td>7</td><td colspan="2">坡度阻力</td><td></td></tr>
<tr><td>12</td><td>1</td><td>1</td><td>2</td><td>8</td><td colspan="2">加速阻力</td><td></td></tr>
<tr><td>13</td><td>1</td><td>1</td><td>2</td><td>9</td><td colspan="2">汽车驱动力和行驶阻力之间的关系</td><td></td></tr>
</table>

续表

职业（工种）名称					汽车驾驶员	等级	五级
职业代码							
序号	鉴定点代码				鉴定点内容	备注	
	章	节	目	点			
	1	2			汽车在各类路况驾驶的注意事项		
	1	2	1		汽车在一般道路上行驶的注意事项		
14	1	2	1	1	平路行驶注意事项		
15	1	2	1	2	行驶路面的选择		
16	1	2	1	3	车速的控制		
17	1	2	1	4	车辆间安全行车距离的控制		
18	1	2	1	5	会车要领		
19	1	2	1	6	超车方法		
20	1	2	1	7	让车要求		
21	1	2	1	8	掉头和倒车的要求		
22	1	2	1	9	过桥行驶时的注意事项		
23	1	2	1	10	通过窄桥或路面不平的桥梁的驾驶方法		
24	1	2	1	11	涉水的驾驶方法		
25	1	2	1	12	过隧道的注意事项		
26	1	2	1	13	夜间行驶的注意事项		
27	1	2	1	14	夜间行驶中正确使用灯光		
	1	2	2		汽车在高架和高速公路上行驶时的注意事项		
28	1	2	2	1	汽车在高架上行驶时的注意事项		
29	1	2	2	2	汽车在高速公路上行驶时的注意事项		
30	1	2	2	3	高速公路的特点		
	1	2	3		汽车在复杂道路和气候条件下行驶时的注意事项		
31	1	2	3	1	汽车在山区路面行驶时的注意事项		
32	1	2	3	2	汽车在冰雪路面行驶时的注意事项		
33	1	2	3	3	汽车在涉水路面驾驶时的注意事项		
	1	2	4		特殊情况运输时的注意事项		
34	1	2	4	1	运输危险品时的注意事项		

续表

职业（工种）名称					汽车驾驶员	等级	五级
职业代码							
序号	鉴定点代码				鉴定点内容		备注
	章	节	目	点			
35	1	2	4	2	运输超高超长物品时的注意事项		
36	1	2	4	3	客货共运时的注意事项		
	1	3			驾驶心理		
	1	3	1		驾驶员健康素质的要求		
37	1	3	1	1	驾驶员的生理要求		
38	1	3	1	2	疲劳驾驶的主要表现		
39	1	3	1	3	消除疲劳驾驶的主要措施		
40	1	3	1	4	饮酒、吸烟对驾驶员的影响		
	1	3	2		驾驶员心理素质的要求		
41	1	3	2	1	驾驶员的心理素质		
42	1	3	2	2	人的心理过程		
43	1	3	2	3	人的个性特征		
44	1	3	2	4	驾驶员行车中的心理活动规律		
	1	4			营运常识		
	1	4	1		汽车营运技术经济		
45	1	4	1	1	综合指标及影响因素		
46	1	4	1	2	提高汽车的时间利用率		
47	1	4	1	3	汽车速度性能的利用		
48	1	4	1	4	汽车行程和装载能力的利用		
	1	4	2		汽车营运技术经济定额内容		
49	1	4	2	1	燃料消耗定额的含义		
50	1	4	2	2	轮胎行驶里程定额		
51	1	4	2	3	轮胎翻新率的含义		
52	1	4	2	4	车辆平均技术等级的划分		
	1	4	3		汽车载货的要求		
53	1	4	3	1	汽车的容量		

续表

职业（工种）名称					汽车驾驶员	等级	五级
职业代码							
序号	鉴定点代码				鉴定点内容		备注
	章	节	目	点			
54	1	4	3	2	汽车装载货物的基本要求		
	2				汽车的基本结构		
	2	1			汽车的基本知识		
	2	1	1		汽车的型号		
55	2	1	1	1	国产汽车产品的编制规则		
56	2	1	1	2	车辆的分类		
	2	1	2		汽车的基本组成		
57	2	1	2	1	汽车的四大基本组成		
58	2	1	2	2	汽车四大组成部分的功用		
59	2	1	2	3	发动机的组成		
60	2	1	2	4	发动机的各组成部分的功用		
61	2	1	2	5	底盘的组成		
62	2	1	2	6	底盘各组成部分的功用		
	2	2			发动机的结构		
	2	2	1		曲柄连杆机构		
63	2	2	1	1	曲柄连杆机构的组成		
64	2	2	1	2	机体组的组成		
65	2	2	1	3	汽缸垫的作用		
66	2	2	1	4	机体组的结构		
67	2	2	1	5	活塞连杆组的组成		
68	2	2	1	6	活塞环的结构		
69	2	2	1	7	活塞的结构		
70	2	2	1	8	连杆的结构		
71	2	2	1	9	活塞销的结构		
72	2	2	1	10	曲轴飞轮组的组成		
73	2	2	1	11	曲轴飞轮组的结构		

续表

职业（工种）名称					汽车驾驶员	等级	五级
职业代码							
序号	鉴定点代码				鉴定点内容		备注
	章	节	目	点			
74	2	2	1	12	发动机的做功次序		
	2	2	2		配气机构		
75	2	2	2	1	配气相位的定义		
76	2	2	2	2	气门组的功用和组成		
77	2	2	2	3	气门组的结构		
78	2	2	2	4	气门的结构		
79	2	2	2	5	气门传动组的组成		
80	2	2	2	6	气门传动组的结构		
81	2	2	2	7	气门间隙		
	2	2	3		汽油机燃料供给系		
82	2	2	3	1	汽油机燃料供给系的组成		
83	2	2	3	2	汽油机燃料供给系各组成部分的作用		
84	2	2	3	3	汽油泵的结构		
85	2	2	3	4	汽油滤清器的构造		
86	2	2	3	5	汽油机燃料供给方式		
	2	2	4		柴油机燃料供给系		
87	2	2	4	1	柴油机燃料供给系的组成		
88	2	2	4	2	柴油机燃料供给系各组成部分的作用		
89	2	2	4	3	汽油机和柴油机工作循环的差别		
90	2	2	4	4	喷油泵		
91	2	2	4	5	喷油器		
92	2	2	4	6	调速器		
93	2	2	4	7	输油泵		
	2	2	5		冷却系		
94	2	2	5	1	冷却系的组成		
95	2	2	5	2	冷却系的循环路线		

续表

职业（工种）名称					汽车驾驶员	等级	五级
职业代码							
序号	鉴定点代码				鉴定点内容	备注	
	章	节	目	点			
96	2	2	5	3	节温器的作用		
97	2	2	5	4	水泵的构造		
98	2	2	5	5	散热器		
	2	2	6		润滑系		
99	2	2	6	1	润滑系的组成		
100	2	2	6	2	润滑系的油路		
101	2	2	6	3	机油泵的结构		
102	2	2	6	4	机油滤清器的作用		
	2	3			汽车底盘的结构		
	2	3	1		传动系		
103	2	3	1	1	传动系的作用和组成		
104	2	3	1	2	离合器的作用和组成		
105	2	3	1	3	传动系的类型		
106	2	3	1	4	离合器的结构		
107	2	3	1	5	变速器的作用和组成		
108	2	3	1	6	变速器的结构		
109	2	3	1	7	万向传动装置		
110	2	3	1	8	万向传动装置的作用和组成		
111	2	3	1	9	主减速器的作用和组成		
112	2	3	1	10	差速器的作用和组成		
	2	3	2		行驶系		
113	2	3	2	1	行驶系的组成和作用		
114	2	3	2	2	车桥的种类和作用		
115	2	3	2	3	转向桥的结构组成		
116	2	3	2	4	转向驱动桥的结构组成		
117	2	3	2	5	驱动桥的组成及各部分功用		

续表

职业（工种）名称					汽车驾驶员	等级	五级
职业代码							
序号	鉴定点代码				鉴定点内容		备注
	章	节	目	点			
118	2	3	2	6	悬架的组成和作用		
119	2	3	2	7	非独立悬架整体式驱动桥构造		
120	2	3	2	8	独立悬架断开式驱动桥构造		
121	2	3	2	9	轮胎的结构和编号规律		
	2	3	3		转向系		
122	2	3	3	1	转向系的组成和作用		
123	2	3	3	2	转向器的种类和组成		
124	2	3	3	3	循环球式转向器构造		
125	2	3	3	4	齿轮齿条式转向器构造		
126	2	3	3	5	转向传动机构的组成		
127	2	3	3	6	汽车前轮定位的含义		
128	2	3	3	7	主销内倾角作用		
129	2	3	3	8	主销后倾角作用		
130	2	3	3	9	前轮外倾角作用		
131	2	3	3	10	前轮前束的作用		
	2	3	4		制动系		
132	2	3	4	1	汽车制动系的作用组成		
133	2	3	4	2	车轮制动器的类型		
134	2	3	4	3	液压制动传动装置的作用和组成		
135	2	3	4	4	气压制动传动装置的结构组成		
136	2	3	4	5	鼓式制动器的构造		
137	2	3	4	6	盘式制动器的构造		
138	2	3	4	7	驻车制动器的构造		
139	2	3	4	8	真空助力器构造		
	2	4			汽车电器装置		
	2	4	1		汽车电器装置的组成		

续表

职业（工种）名称					汽车驾驶员	等级	五级
职业代码							
序号	鉴定点代码				鉴定点内容		备注
	章	节	目	点			
140	2	4	1	1	汽车照明系统的组成		
141	2	4	1	2	信号系统的组成		
	2	4	2		蓄电池的用途与结构		
142	2	4	2	1	蓄电池的用途		
143	2	4	2	2	蓄电池的的作用		
144	2	4	2	3	蓄电池的结构组成		
	2	4	3		交流发电机和调节器的结构		
145	2	4	3	1	交流发电机的结构组成		
146	2	4	3	2	交流发电机发电部分的作用和组成		
147	2	4	3	3	交流发电机整流部分的作用和组成		
148	2	4	3	4	电压调节器的结构		
	2	4	4		起动机的结构		
149	2	4	4	1	直流电动机		
150	2	4	4	2	传动机构		
151	2	4	4	3	控制装置		
	2	4	5		其他用电装置		
152	2	4	5	1	汽车照明灯具的类别		
153	2	4	5	2	汽车前照灯的要求		
154	2	4	5	3	汽车信号系统		
	2	4	6		点火系		
155	2	4	6	1	点火系的要求		
156	2	4	6	2	蓄电池点火系的作用和组成		
157	2	4	6	3	火花塞的类型		
158	2	4	6	4	点火线圈的作用		
	2	5			汽车常用材料		
	2	5	1		汽车用燃、润料		

续表

职业（工种）名称					汽车驾驶员	等级	五级
职业代码							
序号	鉴定点代码				鉴定点内容	备注	
	章	节	目	点			
159	2	5	1	1	汽车用燃、润料的种类		
160	2	5	1	2	汽油的选用		
161	2	5	1	3	柴油的选用		
162	2	5	1	4	汽车齿轮油的选用		
163	2	5	1	5	汽车用润滑油的选用方法		
164	2	5	1	6	正确选用汽车制动液		
	2	5	2		橡胶及金属材料		
165	2	5	2	1	汽车常用橡胶材料		
166	2	5	2	2	汽车常用钢铁材料		
167	2	5	2	3	汽车常用有色金属材料		
168	2	5	2	4	汽车常用非金属材料		
	2	6			汽车新技术常识		
	2	6	1		现代汽车发动机电子技术的应用		
169	2	6	1	1	燃油喷射系统的主要控制内容		
170	2	6	1	2	点火系统的主要控制内容		
171	2	6	1	3	怠速控制方法		
172	2	6	1	4	自诊断、失效保护		
173	2	6	1	5	柴油机电子控制系统的控制内容		
174	2	6	1	6	排气净化系统的组成		
	2	6	2		现代汽车底盘电子技术的控制		
175	2	6	2	1	电子控制自动变速器种类		
176	2	6	2	2	防抱死制动系统的组成		
177	2	6	2	3	电子控制动力转向系统的作用		
178	2	6	2	4	电子控制悬架系统的作用		
	3				汽车维护基础		
	3	1			汽车维护的基础知识		

续表

职业（工种）名称					汽车驾驶员	等级	五级
职业代码							
序号	鉴定点代码				鉴定点内容	备注	
	章	节	目	点			
	3	1	1		汽车维护概述		
179	3	1	1	1	汽车维护的原则		
180	3	1	1	2	汽车维护的目的		
181	3	1	1	3	汽车维护作业的内容		
182	3	1	1	4	汽车维护的分级		
	3	1	2		汽车维护的内容		
183	3	1	2	1	日常维护作业中心内容		
184	3	1	2	2	一级维护作业内容		
185	3	1	2	3	二级维护作业内容		
186	3	1	2	4	汽车走合期行驶规定		
	3	2			汽车常见故障现象		
	3	2	1		汽车常规调整		
187	3	2	1	1	制动间隙的调整		
188	3	2	1	2	汽车轮胎的定期换位方法		
	3	2	2		发动机常见故障		
189	3	2	2	1	油路不来油或来油不畅		
190	3	2	2	2	混合气过浓		
191	3	2	2	3	混合气过稀		
192	3	2	2	4	发动机怠速不良		
193	3	2	2	5	点火故障		
	3	2	3		底盘常见故障		
194	3	2	3	1	离合器自由行程的调整		
195	3	2	3	2	转向盘自由行程的调整		
196	3	2	3	3	行车制动器故障		
197	3	2	3	4	行驶跑偏		
198	3	2	3	5	制动距离过长		

续表

<table>
<tr><td colspan="5">职业（工种）名称</td><td>汽车驾驶员</td><td rowspan="2">等级</td><td rowspan="2">五级</td></tr>
<tr><td colspan="5">职业代码</td><td></td></tr>
<tr><td rowspan="2">序号</td><td colspan="4">鉴定点代码</td><td rowspan="2" colspan="2">鉴定点内容</td><td rowspan="2">备注</td></tr>
<tr><td>章</td><td>节</td><td>目</td><td>点</td></tr>
<tr><td>199</td><td>3</td><td>2</td><td>3</td><td>6</td><td colspan="2">制动跑偏</td><td></td></tr>
<tr><td>200</td><td>3</td><td>2</td><td>3</td><td>7</td><td colspan="2">方向盘摆动</td><td></td></tr>
</table>

第 3 部分

理论知识复习题

汽车驾驶基础

一、判断题（将判断结果填入括号中。正确的填“√”，错误的填“×”）

1. 汽车运行条件是指影响汽车完成运输工作的各类外界条件。（　）

2. 经常在城区运行的车辆，应以满足爬坡能力作为主要动力性指标。（　）

3. 在保证安全行驶的前提下，获得较高的汽车平均技术速度是道路条件之一。（　）

4. 车辆在严寒地区的行驶特点是发动机起动困难、总成磨损严重、路面行驶条件差。（　）

5. 运输条件包括货物种类和特性、客货流向、流量或运量、客货运送距离和送达期限等。（　）

6. 汽车的技术运行条件是运输条件之一。（　）

7. 驱动车轮的着地处，车轮施加给路面的作用力称为驱动力。（　）

8. 汽车上坡时，前轮的地面法向反作用力减小，后轮的地面法向反作用力增大。（　）

9. 汽车制动时，前轮的地面法向反作用力减小，后轮的地面法向反作用力增大。（　）

10. 汽车驱动力的最大限值不受轮胎和路面的附着情况影响。（　）

11. 汽车在水平路面等速行驶时，存在上坡阻力和加速阻力。（　）

12. 汽车在任何条件下行驶都存在滚动阻力和空气阻力。（　　）

13. 汽车在平直硬路面上行驶，道路滚动阻力主要是由于摩擦力造成的。（　　）

14. 空气阻力与迎风面积成正比，与速度的平方成反比。（　　）

15. 驾驶员不可随意破坏车身流线型的机件。（　　）

16. 当汽车加速上坡时，后轴驱动的汽车其最大驱动力可能减少。（　　）

17. 加速阻力与汽车的重力成正比，与加速度成正比。（　　）

18. 加速度越大，加速阻力越小。（　　）

19. 汽车行驶的充分必要条件是：$\Sigma F \leqslant F\mathrm{t} \leqslant F\varphi$。（　　）

20. 在保证安全的前提下，一般应用高速挡行驶。（　　）

21. 车辆在下坡行驶时，可充分利用空挡滑行。（　　）

22. 在没有划分机动车道与非机动车道的道路上，非机动车靠近道路右边通行，机动车在道路中间或者靠近道路中心线右边通行。（　　）

23. 驾驶员必须对道路、车辆、行车动态有充分估计，及时合理地调整行车速度。（　　）

24. 在山区狭窄、弯曲、地形多变的道路上行驶时，应尽量避免制动，尤其是紧急制动，尽可能多地利用发动机的牵阻作用来控制车速。（　　）

25. 车辆在冰雪路面紧急制动时，易产生侧滑，应降低车速，利用发动机制动进行减速。（　　）

26. 在划分快速车道和慢速车道的道路上，机动车都应在慢速车道行驶，仅在超车时才可进入快速车道。（　　）

27. 夜间在窄路、窄桥与非机动车交会时，应使用远光灯。（　　）

28. 超车后在不影响后车行驶的条件下，开左转向灯，再驶入原正常路线。（　　）

29. 在视线不良的弯道行驶时，必须做到“减速、鸣号、靠左行”的原则。（　　）

30. 车辆通过交叉路口同时被放行或者没有交通信号控制时，右转弯的机动车应当让同方向左转弯或者直行的行人和非机动车先行。（　　）

31. 辆掉头前应首先观察车后交通情况，掉头过程中前进或倒车时都应当观察前后方交通情况。（　　）

32. 汽车通过桥梁时，要注意桥梁重量限制标志所限吨位，以确立车辆能否通过。
（　　）

33. 当车辆总质量超过桥梁所限吨位时，车辆可加速通过。（　　）

34. 汽车涉水后要用低速挡行驶，连续使用制动，使制动效能恢复后再正常行驶。
（　　）

35. 车辆行经漫水路或漫水桥时，必须停车查明水情，确认安全后，低速通过。（　　）

36. 雨天在高速公路行车，为避免发生“水滑”现象而造成方向失控，应保持较低的车速。（　　）

37. 汽车在隧道和涵洞内不可停车，因故抛锚时，应迅速请其他车辆拖出。（　　）

38. 夜间没有路灯或路灯照明不良时，机动车须开启近光灯、示宽灯和尾灯。（　　）

39. 在城市里，夜间同向行驶的后车不准使用远光灯。（　　）

40. 夜间会车时，若对方车辆不关闭远光灯，可连续变换灯光提示对向车辆，同时减速靠右侧行驶或停车。（　　）

41. 悬挂临时号牌和移动证的车辆不准在高架道路上通行。（　　）

42. 车辆在高架道路上倒车时，驾驶员必须看清身后情况，确认安全后，方准倒车。
（　　）

43. 机动车在高速公路上行驶时，乘车人可以站立，但不准向车外抛撒物品。（　　）

44. 行车速度快、通行能力大是高速公路的特点之一。（　　）

45. 全封闭、控制车辆出入不是高速公路的特点之一。（　　）

46. 山区行车原则上靠道路右侧，但要注意路边土质的松软或路基的坚实程度。（　　）

47. 严寒地区发动机在起动前，要采取预热措施，同时对发动机要采取防冻措施。
（　　）

48. 汽车在冰雪路面上行驶，可在转向轮上安装防滑链条，以增加附着力。（　　）

49. 雨天行车应提前处理情况，避免使用紧急制动和猛转方向，以防止汽车侧滑。
（　　）

50. 汽车运输危险物品时，可以不在公安机关办手续。（　　）

51. 汽车装载危险品时，严禁超载、人货混装，也不准与其他物品混装。（　　）

52. 大型货运汽车载物，高度从地面起不准超过 5 m。（ ）

53. 驾驶大中型汽车的驾驶员，身高必须在 155 cm 以上。（ ）

54. 机动车辆载物不准超过营运证上核定的载质量。（ ）

55. 驾驶员的生理条件应符合身高、听力、血压、视力和视觉的基本要求，以及无疾病和残缺等。（ ）

56. 疲劳后驾驶员在控制车速、行车方向和对交通标志的反应等方面的效能仍能维持正常。（ ）

57. 注意力不集中、动作不协调、思考能力下降和自制力减退是驾驶员疲劳的主要症状。（ ）

58. 保证充足的睡眠时间和连续驾驶不超过 4 h 是消除疲劳驾驶的主要措施。（ ）

59. 驾驶员在驾驶车辆时少量饮酒，可以缩短驾驶员的反应时间。（ ）

60. 驾驶员疲劳时，吸烟可提神醒脑。（ ）

61. 驾驶员的心理素质要求包括感知觉、注意与记忆、气质与性格等三个方面。（ ）

62. 情绪不稳定、易冲动、缺乏协调性、行为冒险的人驾车，往往容易发生道路交通事故。（ ）

63. 人的心理过程包括认识、情感和意志三个方面。（ ）

64. 驾驶员可以根据自己的气质特点，有针对性地改变自己不利于安全驾驶的心理特征。（ ）

65. 镇静药和酒同时服用对行车安全危害极大。（ ）

66. 服用镇静药剂后，再服用阿斯匹林对行车安全有影响。（ ）

67. 影响单车产量的因素有车辆在时间、速度、行程三方面的利用程度。（ ）

68. 车辆的完好率是完好车日和非完好车日之比。（ ）

69. 车辆的工作率是工作车日和总车日之比。（ ）

70. 汽车的平均技术速度是指企业统计期内，按纯运行时间计算的汽车平均速度。（ ）

71. 行程利用率是指重车行程和单位行程之比。（ ）

72. 行程利用率是指企业统计期内车辆的重车行程占车辆总行程的百分比。（ ）

73. 燃料消耗定额是指汽车每行驶百公里所消耗的燃料定额。（ ）

74. 轮胎行驶里程定额是指新胎从开始使用到报废（不管是否翻新）的总行程限额。（ ）

75. 轮胎翻新率是指经翻新报废的轮胎数和报废轮胎数之比。（ ）

76. 根据车辆的技术状况，车辆可分为一至四级技术等级。（ ）

77. 所有行驶里程在相应定额大修里程的 2/3 以内的车辆，都属于一级车。（ ）

78. 能同时运输的货物或乘客的数量称为汽车的载重量。（ ）

79. 周转量是指汽车运输企业所完成的运量与运距的乘积。（ ）

80. 汽车运输货物的基本要求是迅速、准确、完整、安全地把各种货物运送到需要的地方。（ ）

81. 运输质量主要用运送货物的完整性、准确性、及时性来考核。（ ）

二、单项选择题（选择一个正确的答案，将相应的字母填入题内的括号中）

1. 汽车正常运行的基本条件是运输条件、（ ）、气候条件。

A. 人员条件　B. 驾驶条件　C. 道路条件　D. 汽车条件

2. 不属于汽车运行基本条件的是（ ）。

A. 运输条件　B. 驾驶条件　C. 气候条件　D. 道路条件

3. 经常行驶在山区的汽车，应以满足（ ）作为动力性指标。

A. 爬坡能力　B. 最高车速　C. 最低车速　D. 换挡能力

4. 山区及高原地区气候多变、空气稀薄、气压低，往往会造成车辆（ ）。

A. 动力下降　B. 油耗下降
C. 发动机温度下降　D. 磨损减轻

5. 北方地区气候干燥、风沙大、温差也大，往往导致车辆（ ）。

A. 油耗增多　B. 油耗减少　C. 磨损加重　D. 磨损减轻

6. 经常在道路条件差的地区使用的车辆应选用（ ）好的汽车。

A. 动力性　B. 经济型　C. 舒适性　D. 通过性

7. 路面施加给（ ）的反作用力称为驱动力。

A. 驱动轮　B. 从动轮　C. 转向轮　D. 发动机

8. 需要增大汽车的驱动力时，只要将变速器换入（ ）。

A. 高挡 B. 低挡 C. 都可以 D. 空挡

9. 下列因素和地面法向反作用力的大小无关的是（ ）。

A. 汽车总质量 B. 质心位置 C. 道路坡度 D. 车身外形

10. 附着力是附着系数和（ ）的乘积。

A. 驱动力 B. 地面法向反作用力

C. 汽车载重量 D. 汽车总重

11. 牵引力的最大值应（ ）附着力。

A. 小于 B. 大于 C. 不小于 D. 不大于

12. 汽车的行驶阻力包括（ ）、空气阻力、上坡阻力和加速阻力。

A. 摩擦阻力 B. 机件阻力 C. 滚动阻力 D. 道路阻力

13. 轮胎和路面相对变形引起的阻力称为（ ）。

A. 滚动阻力 B. 空气阻力 C. 总阻力 D. 行驶阻力

14. 汽车在沥青路面上行驶，轮胎气压下降，滚动阻力（ ）。

A. 增加 B. 减少 C. 不变 D. 都有可能

15. 空气阻力与（ ）成正比。

A. 车速 B. 风速 C. 车辆高度 D. 车速的平方

16. 坡道阻力和滚动阻力之和为（ ）。

A. 空气阻力 B. 行驶阻力 C. 道路阻力 D. 加速阻力

17. 根据交通部最新颁布的标准，高速公路上设计时速为 80 km/h 时，允许最大坡度为（ ）。

A. 5% B. 9% C. 10% D. 15%

18. 如果汽车的驱动力（ ），则汽车加速行驶。

A. 小于行驶阻力 B. 大于行驶阻力

C. 等于行驶阻力 D. 大于发动机扭矩

19. 如果汽车的驱动力（ ），则汽车减速行驶。

A. 小于行驶阻力 B. 大于行驶阻力

C. 等于行驶阻力　　D. 大于发动机扭矩

20. 当汽车的驱动力等于汽车行驶时遇到的各种阻力之和时，即为汽车（　　）的基本条件。

A. 静止　　B. 行驶　　C. 加速　　D. 制动

21. 汽车在水平路面做等速行驶的条件是（　　）。

A. $F_t=F_f+F_w$　　B. $F_t=F_f+F_j$

C. $F_t=F_f+F_w+F_i$　　D. $F_t=F_f+F_w+F_i+F_j$

22. 车辆在牵引故障车时，时速不准超过（　　）km/h。

A. 50　　B. 40　　C. 20　　D. 60

23. 行车中，遇少年儿童在道路边玩耍时，（　　）。

A. 要迅速通过

B. 临近时，按喇叭警告

C. 提前减速，注意保护他们的安全，必要时停车避让

D. 以上都正确

24. 遇必须靠右让行，前方道路发生阻塞，尾随车可以（　　）。

A. 逆向绕道行驶　　B. 按喇叭督促前方车辆前进

C. 按顺序停车，跟随前进　　D. 从右侧非机动车道绕道

25. 汽车驶入非机动车道，最高时速不准超过（　　）km/h。

A. 50　　B. 30　　C. 40　　D. 60

26. 车辆行驶距交叉路口（　　）m，应开转向灯表明前进方向。

A. 30～50　　B. 50～100　　C. 100～150　　D. 150～200

27. 机动车在夜间没有路灯或照明不良的道路上会车，须距对面来车（　　）m，以内互闭远光灯，改用近光灯。

A. 100　　B. 150　　C. 200　　D. 250

28. 机动车在高速公路上行驶，同车道的前后车必须保持足够的行车间距，当时速超过 100 km/h，行车间距应保持（　　）m 以上；当时速低于 100 km/h，行车间距可适当缩短，但最少不得低于 50 m。

A. 100　　B. 120　　C. 50　　D. 80

29. 机动车超车时，被超车示意左转弯或掉头时，（　　）。

A. 不准超车　　B. 快速通过

C. 先按喇叭，然后通过　　D. 以上都正确

30. 机动车行驶中，遇后车发出超车信号时，（　　）。

A. 必须靠右让路

B. 立即靠右让路，加速行驶

C. 在条件许可的情况下，必须靠右让行

D. 以上都正确

31. 汽车在一般道路上，当时速为 40～60 km/h，超车或被超车的最小安全横距应为（　　）m。

A. 0.6～0.8　　B. 0.8～1.0　　C. 1.0～1.4　　D. 0.3～0.5

32. 划线公路掉头的宽度为（　　）。

A. 两倍车长　　B. 两倍轴距

C. 两倍轴距加 0.2 m　　D. 两倍轴距加 0.5 m

33. 汽车掉头应选择（　　）。

A. 交叉路口或工厂门口　　B. 广场或停车场

C. 道路较宽、交通流量较小的地方　　D. 以上都正确

34. 汽车通过临时架设的便桥时，应（　　）通过。

A. 快速　　B. 减速　　C. 匀速　　D. 怠速

35. 交叉路口、铁路道口、弯路、窄路、桥梁、陡坡、隧道以及距上述地点（　　）m 以内的地段不准停车。

A. 15　　B. 20　　C. 25　　D. 30

36. 机动车在窄路、窄桥与非机动车会车时，（　　）。

A. 必须关闭近光灯，改用远光灯　　B. 必须关闭近光灯，改用示宽灯

C. 不准持续使用远光灯　　D. 以上都不正确

37. 机动车涉水时，车轮已浸入水中，其车辆制动器（　　）。

A. 制动效能不变　　　　　　　　B. 制动效能降低

C. 制动效能增强　　　　　　　　D. 以上都有可能

38. 汽车进入隧道时由于视力适应性的缘故，驾驶员会产生短时间的视觉障碍，因此汽车应开启灯光，或（　　）进入隧道。

A. 快速　　B. 减速　　C. 加速　　D. 怠速

39. 汽车进入隧道应（　　）。

A. 鸣号，迅速行驶　　　　　　　B. 适当减速行驶，并开前照灯

C. 保持车速多鸣号　　　　　　　D. 适当减速行驶

40. 夜间在道路上临时停车，应开启（　　）。

A. 示宽灯　　　　　　　　　　　B. 尾灯

C. 示宽灯和尾灯　　　　　　　　D. 前照灯

41. 车辆行驶中，灯光照射距离（　　）时，表明汽车已驶近上坡道处。

A. 由近变远　　B. 由远变近　　C. 逐渐消失　　D. 突然消失

42. 夜间车辆通过照明条件良好的路段时，应使用（　　）。

A. 防雾灯　　B. 近光灯　　C. 远光灯　　D. 危险报警闪光灯

43. 车辆驶入双向行驶隧道前，应开启（　　）。

A. 危险报警闪光灯　　　　　　　B. 远光灯

C. 防雾灯　　　　　　　　　　　D. 示宽灯或近光灯

44. 机动车在高速公路上行驶时速达到 100 km/h，正常情况的行车间距为（　　）m 以上。

A. 100　　B. 80　　C. 70　　D. 60

45. 机动车在高速公路上抛锚时，驾驶员必须立即开启危险报警闪光灯，并在行驶方向后方（　　）m 处设置警告标志。

A. 10　　B. 30　　C. 100　　D. 50

46. 下列不是高速公路特点的是（　　）。

A. 有最低限速　　　　　　　　　B. 中央有隔离带

C. 机动车和非机动车分离　　　　D. 没有限速

47. 汽车在傍山险道行驶时，尽量少使用制动，尤其不要在悬崖处使用紧急制动，以免造成（　　）。

A. 侧滑　　B. 纵滑　　C. 滑移　　D. 滚动

48. 汽车在弯曲坡道时，由于视线不清，对道路弯曲的缓急和路面交通情况不易判断，因此必须降低速度并沿道路的（　　）行驶路线缓行。

A. 右侧　　B. 左侧　　C. 中间　　D. 偏左

49. 一般载重 4 t 的汽车，在通过结冰河面时，最低限度冰厚（　　）cm 时，方能通过。

A. 40　　B. 30　　C. 20　　D. 10

50. 雨天行车应保证汽车制动不跑偏，（　　）等装置工作良好。

A. 转向器　　B. 变速器　　C. 刮水器　　D. 前照灯

51. 车辆行经漫水路段时，必须（　　）。

A. 加速通过，以防发动机熄火　　B. 停车查明水情，确认安全，低速通过

C. 有人在前面引路，低速通过　　D. 高速挡快速通过

52. 在平坦路上汽车运输危险物品车距应大于（　　）m。

A. 40　　B. 50　　C. 59　　D. 30

53. 大型货运汽车载货从地面起至货物顶端之间距离不准超过（　　）m。

A. 6　　B. 5　　C. 4　　D. 8

54. 拖带挂车转弯时，（　　）转弯半径。

A. 需缩小　　B. 适当加大

C. 不缩小或加大　　D. 不改变

55. 大型货运汽车在短途运输时，车辆内可负载押运或装卸人员（　　）人。

A. 4～8　　B. 3～7　　C. 1～5　　D. 5～9

56. 机动车驾驶员的健康素质是（　　）健康。

A. 身体　　B. 心理　　C. 身心　　D. 脑力

57. 驾驶员的心理活动是一种高级思维活动，其大脑产生思维活动是通过接受（　　）信息刺激来体现的。

A. 外界　　B. 心理　　C. 身心　　D. 眼睛

58. (　　) 不是疲劳驾驶的主要表现。

A. 无力感　　B. 动作灵活、协调

C. 注意功能失调　　D. 自制力减退

59. (　　) 不能作为消除疲劳驾驶的措施。

A. 自我控制　　B. 保证睡眠

C. 控制驾驶时间　　D. 避免打瞌睡

60. 驾驶员长期处于紧张状态，会造成神经功能紊乱，最易患（　　）。

A. 胃溃疡　　B. 高血压　　C. 综合性疲劳　　D. 腰痛病

61. 烟雾中的（　　）易使人产生缺氧现象。

A. CO　　B. CO_2　　C. NOx　　D. 尼古丁

62. 现代科学证明心理是大脑的机能，大脑是心理的（　　）。

A. 器官　　B. 机能　　C. 反映　　D. 作用

63. 驾驶员的心理素质要求包括（　　）、注意与记忆、情感与意志、气质与性格等方面。

A. 感知觉　　B. 感觉　　C. 知觉　　D. 触觉

64. 心理学是研究心理现象的（　　）以及规律的科学。

A. 形象思维　　B. 抽象思维　　C. 本质　　D. 逻辑

65. 驾驶员的视力会随着车速的提高而（　　）。

A. 提高　　B. 下降　　C. 深远　　D. 不稳定

66. 认识过程包括情绪、意志和（　　）等心理现象。

A. 记忆　　B. 注意　　C. 想象　　D. 感觉

67. 驾驶员在驾车时集中精力、遵章守纪，能减少（　　）情绪出现。

A. 平稳　　B. 激情　　C. 应激　　D. 愉快

68. 以下不是汽车营运综合指标的是（　　）。

A. 总产量　　B. 吨位产量　　C. 单车产量　　D. 车千米产量

69. 以下不是反映车辆时间利用率指标的是（　　）。

A. 完好率　　B. 工作率　　C. 效率　　D. 出车时间利用率

70. 以下指标不能反映汽车速度性能利用效率的是（　　）。

A. 平均技术速度　　B. 平均车日行程

C. 营运速度　　D. 营运时间

71. 影响平均车日行程的是车辆的技术速度和（　　）。

A. 平均技术速度　　B. 平均车日行程

C. 营运速度　　D. 时间利用程度

72. 实载率是行程利用率和（　　）之比。

A. 吨位利用率　　B. 额定周转量　　C. 总周转量　　D. 单位周转量

73. 平均百吨公里燃料消耗定额是实际消耗量与（　　）之比乘上 100（L/100t·km）。

A. 实际完成周转量　　B. 实际消耗量

C. 总行驶公里　　D. 总油量

74. 以下不是汽车营运技术经济定额的是（　　）。

A. 燃料消耗定额　　B. 轮胎行驶里程定额

C. 汽车定期检测里程定额　　D. 车辆平均技术等级

75. 轮胎翻新率是指经翻新报废的轮胎数和（　　）之比。

A. 总轮胎数　　B. 报废轮胎数

C. 未翻新轮胎数　　D. 已翻新轮胎数

76. 下列不属于三级车划定标准的是（　　）。

A. 行驶里程在相应定额大修里程的 2/3 以内

B. 技术性能良好

C. 能随时投入使用

D. 没有大修过

77. 下列不能定级为三级车的是（　　）。

A. 即将送大修的车

B. 正在大修的车

C. 预计近期要更新，但目前还在使用的车

D. 不能行驶的车

78. 下列可以定级为四级车的是（　　）。

A. 即将送大修的车

B. 正在大修的车

C. 预计近期要更新，但目前还在使用的车

D. 不能行驶的车

79. 汽车的载货量主要决定于汽车的载重量和载货车厢的内部尺寸，并与货物的（　　）或体积有关。

A. 密度　　B. 比重　　C. 重量　　D. 体积

80. 货物运输质量好坏主要用运送货物的（　　）、准确性、及时性来考核。

A. 可靠性　　B. 完整性　　C. 安全性　　D. 吨位数

81. 在保证交通安全的原则下，机动车在高架道路的最高车速为（　　）km/h。

A. 80　　B. 90　　C. 100　　D. 120

汽车的基本结构

一、判断题（将判断结果填入括号中。正确的填“√”，错误的填“×”）

1. “4×2”表示汽车的驱动形式，“4”表示这辆车有4个车轮，“2”表示这辆车有2个前轮作驱动车轮。（　　）

2. 乘用车是指用于载人及行李，包括驾驶员座位在内最多不超过9座的汽车。（　　）

3. 汽车可分为乘用车辆和商务车辆，其中商务车辆又分为客车、挂车和轿车。（　　）

4. 汽车由发动机、底盘、电气设备和车身4大部分组成。（　　）

5. 汽车发动机是一部复杂的能量转换机器。（　　）

6. 所谓内燃机，是一种在其内部进行热能转换的机器。（　　）

7. 汽油机由曲柄连杆机构、配气机构、燃油供给系、起动系、冷却系和润滑系组成。（　　）

8. 配气机构的作用是按照发动机各缸工作顺序和工作循环的要求，定时地开闭进排

气门。（　）

9. 冷却系主要是为了保证发动机在常温状态下的工作。（　）

10. 汽车底盘通常由传动系、转向系、制动系和润滑系 4 部分组成。（　）

11. 汽车制动系统为了能很好地达到制动系能采用 ABS 系统。（　）

12. 汽车底盘由传动系、行驶系、转向系和制动系等组成。（　）

13. 曲柄连杆机构由机体组、活塞连杆组和曲轴飞轮组组成。（　）

14. 汽油机常用干式缸套，而柴油机常用湿式缸套。（　）

15. 气缸垫用来保证气缸体与气缸盖结合面的密封，防止漏气、漏水和漏油。（　）

16. 安装气缸垫时，光滑面应朝向气缸体；若气缸体为铸铁材料，缸盖为铝合金材料，光滑的一面应朝向缸盖。（　）

17. 气缸体的结构形式有一般式、龙门式、隧道式 3 种。（　）

18. 为了气缸的密封，不论是干式缸套，还是湿式缸套，在压入气缸体以后，都应使气缸套顶面与气缸体上平面平齐。（　）

19. 曲柄连杆机构由活塞连杆组和曲轴飞轮组两部分组成。（　）

20. 气环的作用是防止气缸内的气体漏入曲轴箱。（　）

21. 油环一般由上下刮片和衬环组成。（　）

22. 活塞顶是燃烧室的一部分，活塞头部主要用来安装活塞环，活塞裙部可起导向的作用。（　）

23. 连杆大头采用平切口的目的是为了使直径较大的连杆大头在拆装时便于通过气缸。（　）

24. 连杆的作用是将活塞承受的力传递给曲轴。（　）

25. 活塞销在安装时要将活塞加热至 340～360℃。（　）

26. 曲轴的作用是将热能转变为机械能。（　）

27. 主轴颈按其形式分，可分为全浮式和半浮式。（　）

28. 当飞轮上的点火正时记号与飞轮壳上的正时记号刻线对准时，第一缸活塞无疑正好处于压缩行程上止点位置。（　）

29. 工作顺序为“1—5—3—6—2—4”的直列四冲程六缸发动机，当第一缸处于做功状

态时，第六缸应为进气状态。（　）

30. 四缸发动机的做功次序分别是："1—3—4—2"和"1—4—3—2"。（　）

31. 进、排气门开始开启和最后关闭的时刻，以曲轴转角来表示，称为配气相位。（　）

32. 由气门组和气门传动组构成的机构称为配气机构。（　）

33. 侧置气门式配气机构在发动机动力性和经济性等方面远不及顶置气门式配气机构优越。（　）

34. 为了加速配合处的磨合，提高其密封性，气门锥角要比气门座锥角大 0.5°～1°。（　）

35. 气门的关闭是依靠气门弹簧来完成的。（　）

36. 气门间隙变大，则进气（或排气）持续角增大。（　）

37. 凸轮轴的作用是控制气门开度的变化规律。（　）

38. 凸轮轴上的凸轮轮廓应保证气门开或闭的持续时间符合配气相位的要求。（　）

39. 挺杆在工作时，既有上下往复运动，又有旋转运动。（　）

40. 由于气门间隙过小，会造成气门关闭不严、漏气、功率下降和工作面烧伤。（　）

41. 汽油机燃料系由汽油供给装置、空气供给装置、可燃混合气配制装置及进气和排气装置 4 大部分组成。（　）

42. 汽油经过雾化、蒸发并与空气适当比例混合而成的混合物，叫可燃混合气。（　）

43. 普桑发动机的点火顺序一般为"1—4—3—2"。（　）

44. 现代汽油发动机采用电动汽油泵。（　）

45. 机械式汽油泵一般由凸轮轴来驱动的。（　）

46. 现代乘用车发动机多采用不可拆式纸质汽油滤清器。（　）

47. 汽油机的燃料供给方式有化油器式和汽油喷射方式。（　）

48. 空燃比表示发动机油气混合气的比例。（　）

49. 柴油机燃料供给系中低压油路的油压是喷油泵建立的，高压油路的油压是由输油泵建立的。（　）

50. 喷油泵供油量应根据柴油机负荷的变化，负荷大时多供油，负荷小时少供油。（　）

51. 喷油泵是由柴油机曲轴前端的正时齿轮通过一组齿轮传动来驱动的。（ ）

52. 柴油机与汽油机的根本区别在于柴油机是自燃的。（ ）

53. 喷油提前角调节器随着柴油机的转速变化，使喷油泵在最有利时刻喷油。（ ）

54. 喷油泵主要保证有足够的压力，以利于喷雾。（ ）

55. 往柴油机燃烧室喷入的高压油是由喷油器建立的高压。（ ）

56. 两速调速器一般适用于汽车柴油机，它能自动稳定和限制柴油机最低和最高转速。（ ）

57. 安装调速器主要是为了避免怠速熄火和高速飞车。（ ）

58. 活塞式输油泵主要有机械油泵总成和手油泵总成组成。（ ）

59. 水冷却系的散热器是通过风扇的强力抽吸，使空气由前向后高速流过散热器，并不断地将流经散热器热水的热量散发到空气中去。（ ）

60. 任何水都可以直接作为冷却水加注。（ ）

61. 当冷却水温度达到86℃时，主、副阀门全开，全部冷却水经散热器做大循环流动。（ ）

62. 在发动机上拆除原有的节温器，则发动机工作时冷却水只有进行大循环。（ ）

63. 蜡式节温器失效后，发动机易出现过热现象。（ ）

64. 水泵一般装在水箱和风扇的后面，由凸轮轴通过皮带驱动。（ ）

65. 散热器实际上是热交换器。（ ）

66. 纵流式散热器冷却液的流经方向是下进上出。（ ）

67. 润滑系的润滑方式有压力润滑、飞溅润滑和复合润滑；活塞通常采用飞溅润滑，曲轴通常采用压力润滑。（ ）

68. 发动机工作时，油底壳内的机油从机油泵压送出来后，分两路循环。其中一路进入细滤清器，经滤清后又流回油底壳。（ ）

69. 机油泵的安全阀是用来防止主油道压力过低。（ ）

70. 机油泵的泵油压力随发动机转速提高而升高。（ ）

71. 机油滤清器有全流式和分流式。（ ）

72. 细滤器能过滤掉0.1 mm的杂质。（ ）

73. 普通汽车传动系由离合器、变速器、万向传动装置、驱动桥 4 大部分组成。（　）

74. 汽车紧急制动时，利用离合器的相对滑磨来防止传动系过载。（　）

75. 离合器踏板自由行程过大，离合器会打滑；自由行程过小，又会分离不彻底。（　）

76. 桑塔纳轿车的传动形式是发动机后置后驱动。（　）

77. 离合器的摩擦力矩小于发动机的最大力矩，车轮便会发生打滑。（　）

78. 膜片弹簧离合器的结构特点之一是：用膜片弹簧取代压紧弹簧和分离杠杆。（　）

79. 如变速器的传动比为若干个数值一定的传动比，这种变速器称为无级变速器。（　）

80. 变速器为防止同时挂入两个挡位，必须在操纵机构内装设自锁装置。（　）

81. 上海桑塔纳轿车二轴式变速器共有 3 个前进挡和 1 个倒挡。（　）

82. 要实现等角速传动，则只要保证传动轴两端的万向节处在同一个平面内。（　）

83. 传动轴的伸缩节用以适应两轴间距离变化的需要。（　）

84. 万向传动装置由一根传动轴和一个万向节组成。（　）

85. 主减速器的作用是降低传动轴传递过来的转速，增大扭矩，且改变力矩的传递方向。（　）

86. 差速器最主要的作用在于尽可能地保证车轮处于纯滚动状态。（　）

87. 当汽车在理想状态直线行驶时，行星齿轮既作公转又作自转。（　）

88. 减少振动，缓和冲击，保证汽车加速行驶是行驶系的主要作用。（　）

89. 车桥的作用是传递车架与车轮之间各种作用力及其产生的弯矩和扭矩。（　）

90. 一般载货汽车的前桥是转向桥，后桥是驱动桥。（　）

91. 汽车行驶方向的改变是通过转向轮在路面上偏转一定角度来实现的。（　）

92. 按车轮的不同运动方式分，车桥可分为前桥和后桥两类。（　）

93. 转向驱动桥的半轴可分为内外两段，其中内半轴与差速器相连接。（　）

94. 绝大多数载货汽车采用整体结构的驱动桥壳，即断开式驱动桥。（　）

95. 悬架中导向装置的作用是承受和传递纵向力、侧向力及其力矩。（　）

96. 减振器一般与弹性元件并联安装。（　）

97. 非独立悬架的驱动桥，当一侧车轮跳动时，另一侧车轮也随之跳动。（ ）

98. 断开式独立悬架的特点是每一侧的车轮全部通过弹性悬架挂在车架（或车身）的下面。（ ）

99. 独立悬架的驱动桥，当一侧车轮跳动时，另一侧车轮不会随之跳动。（ ）

100. 轮胎在使用过程中必须定期换位，使其磨损均匀，延长其使用寿命。（ ）

101. 控制车轮偏转的一整套机构，称为汽车转向系。（ ）

102. 转向系就是按驾驶员的要求通过传动机构来改变转向轮前进方向，使汽车实现转向。（ ）

103. 常用转向器的结构形式有蜗杆滚轮式、蜗杆曲柄指销式和齿轮齿条式等几种。（ ）

104. 循环球式转向器的传动效率高，不易产生“打手”现象。（ ）

105. 循环球式转向器中的转向螺母即是第一级传动副的从动件，也是第二级传动副的从动件。（ ）

106. 麦弗逊悬架大多与齿轮齿条式转向器配合使用。（ ）

107. 转向传动机构由横拉杆、直拉杆、梯形臂、转向节臂和转向摇臂等组成。（ ）

108. 横拉杆两端分别为左右螺纹，因而旋转横拉杆就可以改变其长度。（ ）

109. 转向车轮、转向节和前轴三者与车架的相对安装位置，称为前轮定位。（ ）

110. 主销内倾角的车轮自动回正作用与车速密切相关。（ ）

111. 主销的上端向内倾斜为主销正内倾。（ ）

112. 主销后倾角一般是将前轴连同悬架安装到车架上时，使前轴向后倾斜而形成的。（ ）

113. 前轮外倾角的作用除了提高前轮工作安全性外，另一作用是使车轮自动回正。（ ）

114. 前轮旋转平面的上端向内侧倾斜，则为前轮副外倾。（ ）

115. 前轮前束值是通过改变转向横拉杆长度来调整的。（ ）

116. 通常汽车的制动系由行车制动装置和驻车制动装置组成。（ ）

117. 在紧急制动时，驻车制动可以起辅助制动作用。（ ）

118. 鼓式车轮制动器主要有简单平衡式、平衡式和自动增力式 3 种形式。（　）

119. 液压制动具有滞后时间短的优点。（　）

120. 液压制动的工作可靠性与气压制动相比，液压制动较差。（　）

121. 为提高汽车制动的安全性和可靠性，现在汽车都采用了双管路气压式车轮制动系统。（　）

122. 鼓式车轮制动器分简单非平衡式、平衡式和简单增力式 3 种。（　）

123. 简单非平衡式制动器的后蹄有自动助势作用。（　）

124. 盘式制动器的特点是热稳定性好，抗水衰退能力强，制动时有助势作用。（　）

125. 驻车制动器就是一种通过驾驶员操纵，使车辆停止或防止车辆移动的制动装置。（　）

126. 驻车制动器仅用于在坡道上停车时防止溜车。（　）

127. 真空助力器由驾驶员通过制动踏板直接操纵。（　）

128. 制动灯属于照明灯具之一。（　）

129. 电源系统包括发电机、蓄电池和调节器。（　）

130. 信号系统是向驾驶员进行某些方面提示的。（　）

131. 蓄电池的作用就是提供电能。（　）

132. 蓄电池端电压低于 12 V 时，可以接受发电机的充电。（　）

133. 低压电路上，蓄电池或发电机是电源，初级线圈是负载。（　）

134. 安装蓄电池时应根据起动机搭铁极性来决定蓄电池的搭铁极性。（　）

135. 蓄电池是一种能通过能量转换存放电能并可重复使用的电源装置。（　）

136. 发电机为汽车提供电能并向蓄电池充电。（　）

137. 交流发电机按磁场绕组的搭铁部位的不同，可分为内搭铁式和外搭铁式两类。（　）

138. 发动机起动时，由发电机向起动机供电。（　）

139. 交流发电机能自动限制最大输出电流，所以不需要节流器。（　）

140. 硅整流发电机装上调节器可使负载得到较为稳定的电压。（　）

141. 电压调节器就是保持发电机输出电压的稳定。（　）

142. 起动机由 3 大部分组成：直流电动机、传动机构（称啮合机构）、控制装置。（ ）

143. 起动机是直流马达。（ ）

144. 起动机吸引线圈由点火开关控制。（ ）

145. 起动机的单向离合器在起动前退回，防止飞轮齿圈超速。（ ）

146. 制动灯不属于照明灯具。（ ）

147. 强光束突然射入眼睛刺激视网膜，因瞳孔来不及收缩而本能地闭上眼睛而看不清物体的现象叫做眩目。（ ）

148. 前照灯分为可拆式、半可拆式和全封闭式 3 种。（ ）

149. 电喇叭音调的大小取决于通过喇叭线圈中电流的大小。（ ）

150. 汽油发动机气缸中的混合气，不能主动燃烧，必须用高压电火花点燃。（ ）

151. 蓄电池点火系统结构简单、工作可靠、点火特性良好。（ ）

152. 换用高牌号汽油时，应使点火提前角适当调小，让汽油燃烧完全。（ ）

153. 高压电路中点火线圈的高压线圈是电源，火花塞间隙的电火花是负载。（ ）

154. 火花塞的作用是将高压电引入燃烧室产生火花，点燃混合气。（ ）

155. 分电器轴上的凸轮不断地使触点闭合打开，每闭合后断开一次，即点火线圈点火一次。（ ）

156. 汽车用的燃料包括汽油、柴油、代用燃料。（ ）

157. 润滑料包括发动机润滑油、齿轮油、润滑脂、自动变速器油和制动液。（ ）

158. 汽油的牌号越高，表示抗爆性越差。（ ）

159. 柴油的牌号是按凝点来划分的。（ ）

160. 不同牌号柴油可根据气温高低适当调配掺兑使用。（ ）

161. 汽车齿轮油对不同类型的齿轮都可通用。（ ）

162. 根据用途，润滑油分为齿轮油和双曲线齿轮油。（ ）

163. 只要具备合适的黏度和等级标准，在发动机机油的选择时可以不考虑机油的品牌。（ ）

164. 制动液按原料和工艺不同，分为醇型制动液、矿油型制动液、合成制动液 3 种。（ ）

165. 橡胶密封条表面光洁、无扭曲、无折痕即合格。 (　　)

166. 汽车上使用橡胶材料的重要部件有橡胶轮胎、橡胶密封件、橡胶软管、橡胶带等。 (　　)

167. 材料牌号为 A3 则表示 3 号普通碳素钢。 (　　)

168. H68 表示含铜量为 68%。 (　　)

169. 具有优良的抗海水腐蚀性能的特殊黄铜是锡黄铜。 (　　)

170. 汽车上使用的非金属材料主要有石棉、毛毡、纸类、玻璃、人造革和塑料等。 (　　)

171. 发动机电控系统由传感器、电子控制系统和执行器 3 部分组成。 (　　)

172. 电喷控制系统的功能是根据发动机运转状况和车辆运行状况确定汽油的最佳喷射量。 (　　)

173. 发动机传感器的作用是监测发动机的实际工况，感知各种信号并传输给电脑。 (　　)

174. 怠速控制的实质是怠速进气量的控制。 (　　)

175. 怠速控制可以减少污染物的排放。 (　　)

176. 自诊断系统故障不能显示，只能通过仪器得知。 (　　)

177. 电控柴油机的控制内容包括喷油正时。 (　　)

178. 电控柴油机的控制内容不包括点火控制。 (　　)

179. 排气进化控制系统不包括氧传感器的反馈控制。 (　　)

180. 电子控制取代液压控制，实现了简化结构、提高精度的目的。 (　　)

181. 电控自动变速器主要由齿轮变速器、液压控制系统、电子控制系统组成。 (　　)

182. 车轮防抱死制动系统由传统的普通制动系统和防止车轮抱死的电子控制系统组成。 (　　)

183. 因为操作轻便，所以现在轿车都采用动力转向系统。 (　　)

184. 电子控制动力转向系统只有液压增压方式。 (　　)

185. 电子控制悬架可以调节悬架的刚度。 (　　)

二、单项选择题（选择一个正确的答案，将相应的字母填入题内的括号中）

1. 在国产汽车产品型号编制中，越野汽车的车辆类别代号为（　　）。

A. 1　　B. 2　　C. 6　　D. 7

2. 汽车类别代号“6”表示（　　）。

A. 载货汽车　　B. 客车　　C. 越野汽车　　D. 轿车

3. 商务用车分为（　　）、货车和半挂牵引车。

A. 乘用车　　B. 客车　　C. 汽车列车　　D. 特种结构汽车

4. 汽车由发动机、（　　）、电气设备和车身 4 大部分组成。

A. 润滑系　　B. 传动系　　C. 底盘　　D. 制动系

5. 载货汽车车身有（　　）和货箱组成。

A. 驾驶室　　B. 承载式车身　　C. 车架　　D. 悬架

6. 发动机的动力通过底盘的（　　）驱动汽车行驶。

A. 行驶系　　B. 传动系　　C. 转向系　　D. 制动系

7. 因为柴油机中的柴油是（　　）燃的，所以柴油机没有点火系。

A. 压　　B. 引　　C. 爆　　D. 自

8. 汽车发动机由 2 大运动机构和（　　）个附属系统组成。

A. 3　　B. 5　　C. 4　　D. 6

9. 发动机由曲柄连杆机构、点火系、润滑系、供给系、起动系、冷却系、（　　）等组成。

A. 配气机构　　B. 传动系　　C. 转向系　　D. 曲轴飞轮组

10. 汽车底盘通常由传动系、行驶系、转向系和（　　）四部分组成。

A. 点火系　　B. 冷却系　　C. 制动系　　D. 燃料供给系

11. 自动变速器属于（　　）。

A. 传动系统　　B. 行使系统　　C. 转向系统　　D. 制动系统

12. 制动系统的作用是（　　）。

A. 使汽车停车　　B. 使汽车减速

C. 使汽车减速或停车并保持稳定　　D. 使汽车稳定

13. 曲柄连杆机构由气缸体与曲轴箱组，活塞连杆组和（ ）组成。

A. 气门组　　B. 曲轴飞轮组

C. 上、下曲轴箱　　D. 气缸体

14. 曲柄连杆机构由（ ）3 大部分组成。

A. 活塞组、曲轴组、飞轮组　　B. 机体组、活塞连杆组、曲轴飞轮组

C. 机体组、活塞组、连杆组　　D. 曲轴组、飞轮组、机体组

15. 气缸体曲轴箱组包括气缸体、曲轴箱、（ ）和气缸垫等组成。

A. 气缸盖　　B. 气缸罩　　C. 曲轴　　D. 凸轮轴

16. 下列不属于对汽缸垫性能要求的是（ ）。

A. 耐热　　B. 足够的强度　　C. 导电性　　D. 耐腐蚀

17. 缸盖是铝合金的，缸体是铸铁的，那么汽缸垫毛边应该朝向（ ）。

A. 缸盖　　B. 缸体

C. 都可以　　D. 条件不全，无法判断

18. （ ）式缸套不与冷却水直接接触。

A. 湿　　B. 干　　C. 油　　D. 合金

19. 曲柄连杆机构主要组成部分是（ ）。

A. 曲轴、连杆、飞轮、活塞销　　B. 连杆、活塞、飞轮、曲轴

C. 活塞环、连杆、连杆轴承、曲轴　　D. 连杆轴承、曲轴飞轮、活塞销

20. 曲柄连杆机构把燃气作用在（ ）的力转变为曲轴的转矩，以向工作机械输出机械能。

A. 气缸体　　B. 连杆上　　C. 活塞顶　　D. 飞轮

21. 活塞环装入气缸后的开口间隙称为活塞环的（ ）。

A. 端隙　　B. 侧隙　　C. 背隙　　D. 环隙

22. 一般把活塞的头部制成上小下大的阶梯形或截锥形，且头部直径（ ）裙部。

A. 小于　　B. 等于　　C. 大于　　D. 都有可能

23. 将活塞裙部截面做成椭圆形的目的是根据销座部分膨胀量的不同而采取的（ ）措施。

A. 防胀　　B. 防磨　　C. 减轻重量　　D. 变圆

24. 连杆大头做成分开式的目的是（　）。

A. 便于加工　　B. 便于安装　　C. 便于定位　　D. 清洁

25. 目前，汽车发动机广泛采用（　　）活塞销。

A. 全浮式　　B. 半浮式　　C. 全支撑式　　D. 半支撑式

26. 活塞销的内孔形状有（　　）。

A. 圆柱形　　B. 两段截锥形　　C. 桶面形　　D. 以上都正确

27. 飞轮的作用之一是使发动机有可能克服（　　）的超载。

A. 短时间　　B. 长时间　　C. 一段时间　　D. 静态

28. 非全支承式曲轴的特点是（　　）。

A. 主轴颈数等于或少于气缸数　　B. 主轴颈数大于气缸数

C. 主轴颈数等于气缸数　　D. 主轴颈数小于气缸数

29. 下列不是电子控制悬架调节内容的是（　　）。

A. 悬架的刚度　　B. 车身高度

C. 转向轮的角度　　D. 舒适性能

30. 四冲程直列六缸发动机的工作顺序一般是（　　）。

A. 1—5—3—6—2—4　　B. 1—3—2—4—5—6

C. 1—2—3—4—5—6　　D. 1—6—4—2—3—5

31. 已知东风 EQ6100-1 型发动机的配气相位为 $\alpha=20°$，$\beta=56°$，$\gamma=38.5°$，$\delta=21°$，该气门叠开角为（　　）。

A. 76°　　B. 41°　　C. 59°　　D. 94.5°

32. 进、排气门开始开启和最后关闭的时刻，以曲轴转角来表示，称为配气（　　）。

A. 位置　　B. 相位　　C. 角度　　D. 旋转度

33. 配气机构是控制发动机（　　）的装置。

A. 进气　　B. 排气　　C. 进气和排气　　D. 混合气

34. 因结构简单、制造容易、受热面积小，所以一般发动机都采用（　　）顶气门。

A. 平　　B. 凸　　C. 凹　　D. 多边形

35. 气门的锥面与顶平面之间夹角称为（　）。

A. 气门锥角　B. 气门夹角　C. 气门持续角　D. 迟后角

36. 排气门的气门锥角与进气门的气门锥角相比较，一般进气门气门锥角（　）。

A. 较大　B. 相等　C. 较小　D. 既可大，也可小

37. 顶置式配气机构挺杆的作用点将凸轮的推举运动传给（　），以控制气门的开闭。

A. 气门　B. 推杆　C. 气门导管　D. 弹簧

38. 凸轮轴上的偏心轮用来推动（　）。

A. 汽油泵　B. 水泵　C. 机油泵　D. 分电器

39. 由于曲轴与凸轮轴的传动比为2∶1，因此装于凸轮轴上的正时齿轮的齿数是曲轴正时齿轮齿数的（　）倍。

A. 1/2　B. 1/4　C. 2　D. 4

40. 如气门间隙过大，将会造成气门（　）。

A. 过早开，过晚关　B. 过早开，过早关

C. 过晚开，过早关　D. 过晚开，过晚关

41. 在发动机（　）装配时，常在气门尾端与摇臂之间留有一定的间隙，称为气门间隙。

A. 热态　B. 冷态　C. 标准状态　D. 常温状态

42. 汽油机燃料系中进排气装置基本上由进气歧管、排气歧管和（　）组成。

A. 排气消音器　B. 三元催化器

C. 进气加热装置　D. 散热器

43. 按理论计算，如1 kg汽油完全燃烧大约需15 kg空气，这种混合气的空燃比R=（　），称为标准混合气。

A. 7.5　B. 15　C. 1/15　D. 18

44. 当空燃比R=16~17时，称为（　）混合气。

A. 标准　B. 稀　C. 过稀　D. 浓

45. 电动汽油泵采用（　）。

A. 齿轮式　B. 叶片式　C. 柱塞式　D. 膜片式

46.（　　）组件装在汽油油箱里来阻止大的污染物质进入电动燃油泵。

A. 燃油滤清器　B. 柴油滤清器　C. 空气滤清器　D. 滤网

47. 汽油滤清器的滤芯形式没有（　　）。

A. 纸质滤芯　B. 金属片缝隙式

C. 多孔陶瓷　D. 铝合金

48. 四行程汽油发动机可燃混合气形成在（　　）。

A. 进气歧管　B. 燃油分配管　C. 缸内　D. 汽油泵

49. 柴油自燃温度为（　　）℃。

A. 200　B. 300　C. 400　D. 500

50. 下列不属于柴油机燃油系的是（　　）。

A. 输油泵　B. 柴油滤清器　C. 喷油泵　D. 汽油泵

51. 喷油泵是将（　　）输入的低压柴油升压后送至喷油器。

A. 输油泵　B. 汽油泵　C. 机油泵　D. 柴油滤清器

52. 汽油机和柴油机的结构相比，柴油机中没有（　　）。

A. 燃油供给系　B. 冷却系　C. 润滑系　D. 点火系

53. 柴油发动机的混合气是在（　　）内形成的。

A. 进气管　B. 排气管　C. 化油器　D. 燃烧室

54. 汽车柴油机广泛采用的是（　　）喷油泵。

A. 分配式　B. 柱塞式

C. 油泵-喷油器式　D. 电控式

55. 有些喷油器中设有定位销，其目的是（　　）。

A. 保证流油畅通　B. 保证正确的喷油方向

C. 便于安装　D. 维修方便

56. 喷油器工作间隙漏泄的极少量柴油经（　　）流回柴油箱。

A. 高压油管　B. 低压油管　C. 回油管　D. 出油阀

57. 带有两速调速器的柴油机，在怠速和高速范围内工作时，增加或减少供油的是（　　）。

A. 驾驶员操纵和调速器同时起作用

B. 驾驶员操纵和调速器都不起作用

C. 只有调速器起作用，驾驶员操纵不起作用

D. 只有驾驶员操纵起作用，调速器不起作用

58. 活塞式输油泵输油量的大小取决于活塞行程，它的活塞行程取决于（　　）。

A. 喷油泵凸轮轴凸轮　　B. 喷油泵凸轮轴偏心轮

C. 配气机构中的凸轮轴偏心轮　　D. 喷油泵凸轮轴转速

59. 输油泵的工作性能主要是保证输油压力和输油量，一般要求输油压力为（　　）kPa。

A. 49～196　　B. 59～196　　C. 69～196　　D. 79～196

60. 水冷系主要由散热器、风扇、百叶窗、水泵、（　　）、水道等部件组成。

A. 调节器　　B. 节温器　　C. 节流器　　D. 节压器

61. 当75℃＜冷却水温度＜85℃时，冷却液的水循环路线是（　　）。

A. 大循环　　B. 小循环

C. 大小循环同时存在　　D. 大小循环都不存在

62. 当发动机冷却液的温度＞85℃时，冷却液的流动路线是（　　）。

A. 散热器→水泵→分水管→水套→节温器→散热器

B. 散热器→水泵→分水管→水套→节温器→水泵

C. 散热器→水泵→分水管→水套→散热器

D. 散热器→水泵→分水管→水套→分泵

63. 汽车发动机应保证（　　）℃的工作温度，以获得良好的动力性和经济性。

A. 70～90　　B. 70～80　　C. 80～90　　D. 60～80

64.（　　）水泵被广泛采用。

A. 轴流式　　B. 离心式　　C. 转子式　　D. 齿轮式

65. 水泵通过叶轮旋转在（　　）作用下将冷却液循环。

A. 摩擦力　　B. 离心力　　C. 惯性力　　D. 阻力

66. 现代乘用车大多采用（　　）散热器。

A. 铜制 B. 铝制 C. 锌制 D. 铁制

67. 汽车润滑系的滤清装置主要由机油集滤器、（ ）、旁通阀和细滤清器等到组成。

A. 机油泵 B. 粗滤清器 C. 限压阀 D. 节流阀

68. 发动机润滑系由机油集滤器、机油泵、粗滤清器、（ ）等组成。

A. 气道 B. 油道 C. 散热片 D. 风扇

69. 通常润滑系的粗滤器装有旁通阀，当滤芯堵塞时，旁通阀打开（ ）。

A. 使机油流回油泵

B. 使机油直接进入主油道

C. 使机油不经滤芯直接流到油底壳

D. 使机油直接进入细滤器

70. 发动机转速在 2 000 r/min 时，机油压力大约不得低于（ ）kPa。

A. 1 B. 2 C. 3 D. 4

71. 机油没有压力时，机油压力开关在弹簧力的作用下（ ），报警灯亮。

A. 接通触点，导通开关 B. 切断触点，导通开关

C. 接通触点，断开开关 D. 切断触点，断开开关

72. 采用褶纸滤芯的机油滤清器有质量轻、体积小、滤清效果好、（ ）等优点。

A. 结构简单 B. 阻力小 C. 成本低 D. 以上都正确

73. 普通汽车传动系由离合器、（ ）、万向传动装置、驱动桥 4 大部分组成。

A. 变速器 B. 差速器 C. 主减速器 D. 调速器

74. 汽车传动系的作用是将发动机的动力根据行驶要求传给（ ）。

A. 离合器 B. 变速器 C. 万向传动装置 D. 驱动轮

75. 离合器的主要功用是（ ）、保证汽车行驶中变速器顺利换挡和防止传动系过载。

A. 保证汽车平稳起步 B. 保证制动力

C. 提高压盘的厚度 D. 快速启动

76. 发动机前置前驱动汽车最突出的优点是（ ）。

A. 高速行驶稳定性好 B. 发动机散热好

C. 操纵简单 D. 高速转弯不易跳动

77. 桑塔纳轿车的传动形式是（　　）。

A. 发动机前置后驱动　　B. 发动机后置后驱动

C. 发动机前置前驱动　　D. 发动机后置前驱动

78. 压盘表面接触（　　）。

A. 变速器主轴　　B. 分离轴承

C. 离合器从动盘　　D. 飞轮

79. 变速器的主要作用是降速增扭，切断及传递动力和（　　）。

A. 制动平稳　　B. 实现倒车　　C. 防止过载　　D. 起步平稳

80. 为了避免齿轮自动脱挡，在变速器操纵机构中设置了（　　）装置。

A. 差速锁　　B. 倒挡锁　　C. 自锁　　D. 自动

81. 为了保证变速器不自行脱挡或挂挡，在操纵机构中设有（　　）设备。

A. 自锁　　B. 互锁　　C. 倒挡锁　　D. 联锁

82. 上海桑塔纳轿车的转向驱动桥采用（　　）万向节。

A. 球叉式　　B. 球笼式　　C. 双联式　　D. 三销式

83. 普通传动轴装配后，必须进行（　　）。

A. 平衡试验　　B. 静平衡试验

C. 动平衡试验　　D. 静平衡和动平衡试验

84. 汽车用万向节按其速度特性可分为普通万向节、准等速万向节和（　　）万向节。

A. 刚性　　B. 柔性　　C. 等速　　D. 特殊

85. 驱动桥的主要作用是完成降速、改变扭矩传递方向、负担整车大部分负荷和（　　）。

A. 保证驱动轮纯滚动，实现差速　　B. 增速增扭

C. 切断动力　　D. 增加动力

86. 目前常用的汽车主减速器，可分为单级和（　　）。

A. 单速　　B. 双速　　C. 双级　　D. 多级

87. 在半轴齿轮与差速器壳之间装有止推垫片，其目的一是为了利于润滑；二是为了（　　）。

A. 提高传动效率　　　　B. 减少磨损、调整间隙

C. 利于散热　　　　D. 加强牢度

88. 汽车行驶系一般由（　　）、车桥、车轮、悬架组成。

A. 转向桥　　B. 转向驱动桥　　C. 车架　　D. 制动系

89. 行驶系的作用之一是支撑汽车的（　　）。

A. 总重量　　B. 自身重量　　C. 载重量　　D. 驱动桥重量

90. 传递车架与车轮之间的各种作用力及其产生的弯矩和扭矩是（　　）的作用。

A. 车桥　　B. 车架　　C. 前轮定位　　D. 悬架

91. 转向桥主要由前轴和左右两个（　　）等组成。

A. 万向节　　B. 转向节　　C. 传动轴　　D. 转向器

92. 转向轮绕着（　　）摆动。

A. 前轴　　B. 转向节　　C. 主销　　D. 车架

93. 越野汽车的前桥属于（　　）。

A. 转向桥　　B. 驱动桥　　C. 转向驱动桥　　D. 支承桥

94. 整体式驱动桥壳的特点是（　　）。

A. 结构简单

B. 易于拆装

C. 检查主减速器和差速器工作状况容易

D. 半轴容易拆装

95. 汽车悬架主要由弹性元件、导向装置和（　　）3 部分组成。

A. 减振器　　B. 转向节　　C. 驱动桥　　D. 支承桥

96. 悬架可分为独立悬架和（　　）独立悬架。

A. 非　　B. 倒　　C. 一般　　D. 特殊

97. 非独立悬架的结构特点是两侧车轮由（　　）车桥相连，车轮连同车桥一起通过弹性悬架挂在车架下面。

A. 一根整体式　　B. 两根整体式　　C. 两根独立式　　D. 以上都正确

98. CA1092 型汽车采用的是（　　）驱动桥壳，它由桥壳和半轴套管组成。

A. 整体式 B. 断开式 C. 链接式 D. 其他形式

99. 采用断开式车桥，发动机总成的位置可以降低和前移，使汽车重心下降，提高了汽车行驶的（ ）。

A. 平稳性 B. 动力性 C. 加速性 D. 转向性

100. 拱形轮胎、椭圆形轮胎和有些轿车的超低压轮胎用“D×B”来表示，是以（ ）为单位。

A. mm B. cm C. 英寸 D. 英尺

101. 轮胎规格 9.00～20 ZG 表示（ ）。

A. 钢丝子午线高压轮胎 B. 钢丝子午线低压轮胎

C. 普通棉线低压轮胎 D. 子午线轮胎

102. 汽车转向系一般由转向器和（ ）机构两部分组成。

A. 梯形 B. 转向传动 C. 传动 D. 转向增力

103. 按作用力的传递情况，常用汽车的转向器为（ ）式。

A. 可逆 B. 不可逆 C. 极限可逆 D. 极限不可逆

104. 按转向助力形式，转向器可分为液压式、电子式和（ ）式。

A. 气压 B. 水压 C. 电磁 D. 电动

105. 循环球式转向器的第一级传动副是（ ）。

A. 转向螺杆与齿条 B. 转向螺杆与转向螺母

C. 齿条与齿扇 D. 转向螺母与齿扇

106. 上海桑塔纳轿车采用（ ）转向器。

A. 齿轮齿条式 B. 循环球式

C. 曲柄指销式 D. 蜗杆滚轮式

107. 齿轮齿条式转向器的（ ）。

A. 正效率高 B. 逆效率高

C. 正、逆效率都高 D. 以上都不正确

108. 转向梯形机构由横拉杆、前轴和左右（ ）构成。

A. 主销 B. 梯形臂 C. 转向节臂 D. 转向摇臂

109. 主销内倾角的作用是使车轮自动回正及（　　）。

A. 形成回正的稳定力矩

B. 提高车轮工作的安全性

C. 减轻或消除因前轮外倾造成的不良后果

D. 转向操纵轻便

110. 主销轴线与通过前轮中心垂线之间形式的夹角，称为（　　）角。

A. 主销后倾　　B. 主销内倾　　C. 车轮外倾　　D. 前轮前束

111. 主销内倾角的作用除了使车轮自动回正外，另一作用是（　　）。

A. 转向操纵轻便　　B. 减少轮胎磨损

C. 形成车轮回正的稳定力矩　　D. 提高车轮工作的安全性

112. 主销后倾角的作用除了保持汽车直线行驶外，另一作用是（　　）。

A. 形成回正的稳定力矩　　B. 减少轮胎磨损

C. 形成车轮回正的稳定力矩　　D. 提高车轮工作的安全性

113. 后顷角越大，（　　），转向性变差。

A. 直行性越差，方向盘的复位力越强

B. 直行性越强，方向盘的复位力越强

C. 直行性越差，方向盘的复位力越差

D. 直行性越强，方向盘的复位力越差

114. 车轮（　　）平面与纵向垂直平面之间的夹角叫做前轮外倾角。

A. 旋转　　B. 旋转　　C. 外　　D. 外

115. 左右两前轮之间的距离前后端不相等，其（　　）称为前束值。

A. 和值　　B. 差值　　C. 积值　　D. 商值

116. 前轮前束可通过改变（　　）来调整。

A. 转向轮角度　　B. 转向纵拉杆长度

C. 转向横拉杆长度　　D. 梯形臂位置

117. 行车制动装置的作用是使汽车迅速（　　）或在最短制动距离内停车。

A. 减速　　B. 增速　　C. 匀速　　D. 怠速

118. 鼓式车轮制动器分简单非平衡式、平衡式和（　　）3种形式。

A. 简单平衡式　　B. 自动增力式

C. 简单增力式　　D. 人力增力式

119. 车轮制动器可分为（　　）式和盘式两大类。

A. 鼓　　B. 中央　　C. 液压　　D. 气压

120. 液压制动的装置是用（　　）进行力的转换和传输的。

A. 机油　　B. 制动油液　　C. 水　　D. 气体

121. 气压制动传动装置主要由空气压缩机、储气筒、（　　）及制动气室组成。

A. 制动阀　　B. 制动总泵　　C. 制动分泵　　D. 制动器

122. 在不制动时，真空助力器加力气室的（　　）状态。

A. 左腔为真空　　B. 右腔为真空

C. 左右两腔均为空气　　D. 左右两腔均为真空

123. 内张型双蹄式制动器按照张开装置的形式，主要有（　　）和凸轮式两种。

A. 非平衡式　　B. 平衡式　　C. 自行增力式　　D. 轮缸式

124. 盘式制动器在重型汽车和小客车上采用的主要原因和作用是（　　）。

A. 制动力大　　B. 安全可靠性好

C. 制动热稳定性能好　　D. 散热良好

125. 盘式制动器由（　　）组成。

A. 制动钳　　B. 制动盘　　C. 制动片　　D. 以上都正确

126. 驻车制动器一般控制（　　）。

A. 前二轮　　B. 后二轮

C. 四轮　　D. 一个前轮，一个后轮

127. 真空助力器利用发动机产生的负压，为了防止负压消失，在管路中（　　）。

A. 安装电磁阀　　B. 安装传感器

C. 强化连接　　D. 安装单向阀

128. 为了使真空助力器的压力增大，可采用（　　）。

A. 加大制动力　　B. 提高发动机转速

C. 增大管路直径　　D. 增大助力器隔膜直径

129. 车身侧面安装了（　　）。

A. 转向信号灯　　B. 雾灯

C. 示宽灯　　D. 制动灯

130. 在城市夜间行驶，一般（　　）。

A. 使用近光灯　　B. 使用示宽灯

C. 使用远光灯　　D. 不用照明灯，依靠路灯照明

131. 示宽灯的作用是（　　）。

A. 夜间行驶时提醒对方车辆宽度　　B. 夜间倒车时显示车辆宽度

C. 夜间进入车库时显示车辆宽度　　D. 夜间在路边停车时显示车辆宽度

132. 发动机起动时，蓄电池（　　）。

A. 为起动机提供较大的电能　　B. 向点火装置供电

C. 向燃油装置供电　　D. 以上都正确

133. 蓄电池除储存电能外，另一功用便是起（　　）作用，保护晶体管电器。

A. 电容　　B. 电阻　　C. 电感　　D. 电池

134. 蓄电池具有防止发电机（　　）的功用。

A. 过载　　B. 损坏　　C. 磨损　　D. 发响

135. 蓄电池主要由外壳、极板、隔板、电解液和（　　）等组成。

A. 极柱　　B. 铜柱　　C. 碳棒　　D. 挡板

136. 整流回路使用（　　）将三相交流转变成直流。

A. 二极管　　B. 齐纳二极管　　C. 三极管　　D. 晶体管

137. 整流器一般使用（　　）个二极管。

A. 1～3　　B. 3～6　　C. 6～9　　D. 9～12

138. 当发动机（　　）运转时，发电机向各用电设备供电。

A. 高速　　B. 中速　　C. 低速　　D. 静止

139. 交流发电机能自动限制最大输出电流，所以不需要（　　）。

A. 限压器　　B. 调压器　　C. 节流器　　D. 截流器

140. 由于二极管的单向导电性能防止蓄电池电流倒流发电机电枢，故交流发电机不需要（　　）。

A. 限压器　B. 调压器　C. 节流器　D. 截流器

141. 交流发电机只需配置调压器，保持输出（　　）稳定在一定范围内。

A. 电流　B. 电压　C. 电阻　D. 电磁

142. 起动机一般由（　　）电动机、传动机构和控制装置3部分组成。

A. 交流　B. 微型　C. 直流　D. 变频

143. 起动机的单向离合器的结构形式一般有单向滚柱式、摩擦式和（　　）式。

A. 齿轮　B. 弹簧　C. 轴　D. 盘

144. 由于励磁线圈要流过强电流，故采用（　　）带制成。

A. 铁　B. 铝　C. 铜　D. 镁

145. 起动机的工作顺序是吸引线圈和保持线圈通电，（　　），主触点闭合，起动机起动。

A. 小齿轮运转　B. 小齿轮不动

C. 小齿轮伸出　D. 小齿轮回缩

146. 如果起动机不工作，在蓄电池点火开关正常情况下，首先应该检查（　　）。

A. 吸引线圈　B. 小齿轮　C. 主触点　D. 励磁线圈

147. 下列属于照明灯具的是（　　）。

A. 制动灯　B. 前照灯　C. 转向灯　D. 尾灯

148. 下列属于信号灯具的是（　　）。

A. 制动灯　B. 前照灯　C. 雾灯　D. 门灯

149. 新注册两灯制每只前照灯的远光光束发光强度应达到（　　）cd。

A. 10 000　B. 15 000　C. 18 000　D. 21 000

150. 制动灯要求白天能确认灯光信号的距离为（　　）m。

A. 20　B. 40　C. 50　D. 100

151. 汽车倒车灯开关一般安装在（　　）上。

A. 发动机　B. 离合器　C. 转向柱　D. 变速器

152. 汽车点火系的作用之一为将蓄电池或发电机的低压电转为（　）电。

A. 高压　B. 脉冲　C. 交流　D. 低压

153. 蓄电池点火系主要由蓄电池、电流表、点火开关、点火线圈、附加电阻、断电器、电容器、分电器、高压阻尼线、（　）等部件组成。

A. 火花塞　B. 调节器　C. 发电机　D. 起动机

154. 传统点火系中附加电阻的作用是自动调节（　），保证发动机的正常运转，使发动机容易起动。

A. 点火系低压电流强度　B. 高压电路强度

C. 发电机性能　D. 电容

155. 冷型火花塞的绝缘裙部短，散热快，适用于（　）速发动机。

A. 低　B. 高　C. 中　D. 中低

156. 点火线圈的附加电阻串联在低压电路中，用来自动调节低压电路的（　）强度。

A. 电流　B. 电压　C. 电阻　D. 电容

157. 当发动机（　）运动时，蓄电池向各用电设备供电。

A. 高速　B. 中速　C. 加速　D. 怠速

158. 下列不是润滑料的是（　）。

A. 制动液　B. 柴油　C. 齿轮油　D. 润滑油

159. 根据 1999 年颁布的标准，车用汽油有 90 号、93 号、（　）号 3 种牌号。

A. 95　B. 97　C. 98　D. 99

160. 汽油的号数表示汽油（　）性能的好坏。

A. 抗爆　B. 燃烧　C. 蒸发　D. 流动

161. 国产柴油机按质量分为 3 个等级，每个等级又按评定低温流动性的凝点分为（　）种牌号。

A. 3　B. 4　C. 5　D. 6

162. 下列总成中采用齿轮油润滑的是（　）。

A. 配气机构　B. 车轮　C. 主减速器　D. 传动轴

163. 牌号为 80W/90 的齿轮油，其中“W”字样表示（　）用油。

A. 春季　　B. 夏季　　C. 秋季　　D. 冬季

164. 国产汽油机润滑油按质量等级分为 5 大类，其中（　　）级润滑油是我国当前生产最多，使用最广的发动机用油。

A. QA　　B. QB　　C. QE　　D. QD

165. 汽车制动液选用原则是：一是选用（　　）；二是质量等级符合规定标准。

A. 醇型制动液　　B. 矿油型制动液

C. 合成制动液　　D. 代用制动液

166. GB 12981—91 规定把合成制动液定为（　　）种。

A. 2　　B. 3　　C. 4　　D. 5

167. 垫带胶只要求具有优良的（　　）。

A. 散热性　　B. 耐磨性　　C. 耐老化性　　D. 弹性

168. 发动机上的曲轴是采用（　　）材料。

A. 灰铸铁　　B. 球墨铸铁　　C. 可锻铸铁　　C. 合金铸铁

169. 要进行渗碳处理的零件，其材料一般选用（　　）。

A. 低碳钢　　B. 中碳钢　　C. 高碳钢　　D. A3 钢

170. 黑色金属除了铁以外，还有（　　）等。

A. 铜　　B. 铝　　C. 钢　　D. 锡

171. 汽车上大量使用的塑料、玻璃等属于（　　）。

A. 橡胶材料　　B. 钢铁材料

C. 黑色金黄酥材料　　D. 非金属材料

172. 汽车常见的塑料零件有（　　）。

A. 正时齿轮　　B. 凸轮轴　　C. 气门　　D. 活塞

173. 电控燃油喷射系统由电子控制系统，燃油供给系统和（　　）组成。

A. 润滑系统　　B. 空气供给系统

C. 冷却系统　　D. 配气系统

174. 上海桑塔纳轿车使用的点火系统是（　　）。

A. 光电式　　B. 霍尔式　　C. 电磁振荡式　　D. 磁脉冲式

175. 无触点式点火按工作原理可分为磁脉冲式和（ ）。

A. 光电式　B. 霍尔式　C. 电磁振荡式　D. 以上都正确

176. 怠速进气控制方式主要由旁通空气道式和（ ）。

A. 节气门旁动式　B. 旁通节气门式

C. 节气门直动式　D. 旁通油道式

177. 自诊断系统故障信息的读出，可采用就车读取和（ ）。

A. 连接显示器读取　B. 手机读取

C. 自动显示　D. 外接设备读取

178. 当检测到故障时，自诊断系统完成以下基本工作，以灯光向驾驶员发出故障信号，启动带故障运行控制功能，（ ）。

A. 自我排除故障　B. 显示故障信息

C. 停止工作　D. 储存故障信息

179. 电控柴油机的控制内容不包括（ ）。

A. 点火提前角控制　B. 喷油时刻

C. 喷油量　D. 怠速控制

180. 排气进化控制系统包括氧传感器的反馈控制，废气再循环，二次空气喷射控制和（ ）等。

A. 点火提前角控制　B. 闭合角控制

C. 活性碳罐清洗控制　D. 进气控制

181. 排气进化控制系统包括氧传感器的反馈控制，活性碳罐清洗控制，二次空气喷射控制和（ ）等。

A. 点火提前角控制　B. 废气再循环

C. 闭合角控制　D. 进气控制

182. 自动变速器的行星齿轮机构有辛普森机构、拉维娜机构和（ ）机构 3 种。

A. 并接式　B. 串接式　C. 连动式　D. 机械式

183. 装有制动防抱死装置的汽车，当防抱死装置失去作用时，则（ ）。

A. 汽车制动系统仍能继续工作　B. 汽车制动系统失效

C. 制动时汽车车轮总不能抱死　　D. 制动失效

184. 车轮防抱死制动系统电子控制系统一般由传感器、ECU、（　）和警告灯组成。

A. 刹车片　　B. 制动鼓　　C. 执行器　　D. 调节器

185. 电子控制动力转向系统的控制不需要（　）信号。

A. 车速　　B. 转向盘转角

C. 转向时的转矩　　D. 发动机转速

186. 电子控制悬架可以调节（　）。

A. 悬架的刚度　　B. 车辆的速度

C. 转向轮的角度　　D. 操纵性能

汽车维护基础

一、判断题（将判断结果填入括号中。正确的填“√”，错误的填“×”）

1. 车辆维护应贯彻预防为主、强制维护的原则。（　）

2. 车辆维护的目的是保持车容整洁，及时发现和消除故障隐患，防止车辆早期损坏，起到维护正常运行的目的。（　）

3. 车辆维护应贯彻节约为主、预防为主的原则。（　）

4. 车辆维护作业一律不得解体总成。（　）

5. 日常维护的作业中心内容是以清洁、补给、安全和检视为主。（　）

6. 汽车维护分为日常维护、一级维护、二级维护和换季维护。（　）

7. 日常维护是由驾驶员在每日出车前、行驶中和收车后进行的维护作业。（　）

8. 日常维护是由驾驶员督促、辅助专业修理工来完成。（　）

9. 一级维护作业以清洁、补给、安全和检视为主。（　）

10. 二级维护以清洁、检查和调整为主。（　）

11. 二级维护由专职驾驶员负责执行。（　）

12. 汽车走合期内有减载的具体规定，一般载重量不应超过额定载荷的 75%。（　）

13. 调整气门间隙必须在气门全开时进行。（　）

14. 气门间隙过小会降低发动机功率，气门间隙过大会损坏气门。（ ）

15. 因为怕新旧轮胎同时使用影响制动跑偏，所以备胎不应该参与换位。（ ）

16. 不来油或来油不畅时，发动机容易熄火。（ ）

17. 向化油器注入少量汽油后能起动，但烧完后就熄火是不来油故障。（ ）

18. 汽车有排气冒黑烟、排气管有响声、发动润滑油耗过多的现象一般是混合气过浓故障。（ ）

19. 混合气过稀时拉阻门，不能使发动机工作情况好转。（ ）

20. 排气管冒黑烟时，不易加速，动力不足是混合气过稀。（ ）

21. 怠速不良是指怠速熄火或怠速过高。（ ）

22. 点火过早会使发动机无力。（ ）

23. 点火过迟会使发动机产生爆燃。（ ）

24. 离合器踏板自由行程过小，将会导致离合器打滑。（ ）

25. 转向节臂紧固螺母松动，会造成转向盘自由行程过大。（ ）

26. 转向盘的游动间隙一般在 30°～45°范围内。（ ）

27. 左右车轮制动鼓与摩擦片的间隙大小不一，会造成跑偏。（ ）

28. 汽车行驶时，不能保持直线行驶方向，而自动偏向一侧称为行驶跑偏。（ ）

29. 汽车行驶中，制动鼓轮毂过热会导致汽车行驶自动跑偏。（ ）

30. 制动器的间隙过小，可能造成制动距离过长。（ ）

31. 制动跑偏和轮胎气压无关。（ ）

32. 制动跑偏的原因可能是左右轮制动器的间隙不一致。（ ）

33. 汽车行驶至一定车速时出现方向盘发抖、摆震称之为前轮摆动。（ ）

二、单项选择题（选择一个正确的答案，将相应的字母填入题内的括号中）

1. 实行强制性的（ ）维护是合理使用汽车的重要环节。

A. 定期　　B. 非定期　　C. 日常　　D. 换季

2. 车辆维护的目的是保持车辆（ ）及消除和发现车辆隐患，防止车辆早期损坏，起到维护正常运行的目的。

A. 整洁　　B. 运行　　C. 整齐　　D. 漂亮

3. 车辆维护的目的是（　　）。

A. 防止车辆早期损坏　B. 改善动力

C. 使车辆整齐　D. 使车辆漂亮

4. 换季维护有冬季换入夏季和（　　）两种情况。

A. 冬季换入春季　B. 春季换入夏季

C. 夏季换入秋季　D. 秋季换入冬季

5. 新车走合维护属于（　　）维护。

A. 定期　B. 非定期　C. 一级　D. 秋季换入冬季

6. 非定期维护一般包括走合维护、（　　）维护和长期停驶或封存汽车的维护。

A. 换季　B. 出车　C. 一级　D. 二级维护

7. 为保持较好的技术状况，确保行驶安全，必须（　　）执行日常维护。

A. 经常　B. 强制　C. 自觉　D. 计划

8. 检查有关制动、操纵等安全部件是（　　）维护的作业内容。

A. 日常　B. 一级　C. 二级　D. 秋季换入冬季

9. 一级维护的作业内容以（　　）为主。

A. 清洁、润滑、补给　B. 清洁、补给、紧固

C. 清洁、润滑、紧固　D. 润滑、补给、紧固

10. 二级维护的作业中心除一级维护作业外，以（　　）调整为主并拆检轮胎进行轮胎换位。

A. 检查　B. 清洁　C. 润滑　D. 补充

11. 汽车走合期内行车必须遵循（　　）、正确选择燃、润料和正确驾驶的规定。

A. 减载　B. 限速减载　C. 限速　D. 匀速

12. 汽车走合期不得少于（　　）km。

A. 500　B. 1 000　C. 1 500　D. 2 500

13. 在汽车（　　）维护时，应检查和调整气门间隙。

A. 日常　B. 一级　C. 二级　D. 三级

14. 一般行驶约（　　）km，应进行轮胎换位。

A. 5 000　　B. 10 000　　C. 25 000　　D. 20 000

15. 人字花纹或胎侧上有旋转方向标记的轮胎应按（　　）装用。

A. 正方向　　B. 反方向　　C. 规定方向　　D. 侧反方向

16. 油路不来油或来油不畅故障的原因不包括（　　）。

A. 滤清器堵塞　　B. 无油

C. 化油器故障　　D. 油的标号不对

17. 下列可能是混合气过浓故障现象的是（　　）。

A. 滤清器堵塞　　B. 无油

C. 化油器故障　　D. 油的品质

18. 混合气过浓，发动机起动后转速不平稳，排气管冒（　　）。

A. 水　　B. 气　　C. 黑烟　　D. 白烟

19. 排气管放炮，发动机不易起动，主要原因是（　　）。

A. 点火过早　　B. 混合气过稀

C. 汽油泵损坏　　D. 点火时间过迟

20. 发动机运转不正常，发现化油器有回火现象，拉阻风门后回火消失，证明混合气过稀，应调整（　　）。

A. 怠速量孔　　B. 主量孔　　C. 加速量孔　　D. 加浓量孔

22. 怠速不良使发动机（　　）；怠速过高，怠速不稳。

A. 怠速熄火　　B. 行驶无力　　C. 油耗增加　　D. 油耗减少

23. 点火系高压火花弱，可能原因是（　　）。

A. 电容器断路、失效　　B. 电容器短路

C. 低压断路　　D. 火花塞短路

24. 离合器从动盘因磨损变薄，会造成离合器踏板自由行程（　　）。

A. 变大　　B. 变小　　C. 不变　　D. 先变大后变小

25. 液力操纵的离合器踏板自由行程，是由（　　）来保证的。

A. 主缸活塞与踏板推杆间隙

B. 分离杠杆端面与分离轴承间隙

C. 主缸活塞与踏板推杆的间隙减分离杠杆端面与分离轴和间隙之差

D. 主缸活塞与踏板推杆的间隙加分离杠杆端面与分离轴承间隙之和

26. 方向盘转动量过大，应检查（　　）是否过大或检查横、直拉杆接头是否松旷。

A. 方向机啮合齿轮间隙　　B. 后轮轮毂轴承间隙

C. 前轮轮胎胎压　　D. 前桥扭曲

27. 调整制动器摩擦片与制动鼓之间间隙时，其下端间隙应（　　）上端间隙。

A. 小于　　B. 大于　　C. 等于　　D. 不等于

28. 制动摩擦片太薄可能造成（　　）的结果。

A. 制动效果变差　　B. 制动效果变好

C. 制动效果不变　　D. 以上都有可能

29. 行驶跑偏的原因有两侧车轮胎压不一致，悬架变形，前轮定位不准，（　　）等。

A. 两侧轮胎磨损不一致　　B. 转向角不正确

C. 转向器故障　　D. 车轮螺栓损坏

30. 制动距离过长引起的原因有制动液不足、制动盘磨损、制动踏板空行程过长和（　　）等。

A. 胎压不一致　　B. 制动衬片磨损过度

C. 车轮损坏　　D. 制动踏板无自由行程

31. 制动距离过长引起的原因有制动液不足、制动盘磨损、制动衬片磨损过度和（　　）等。

A. 制动踏板空行程过长　　B. 胎压不一致

C. 车轮损坏　　D. 制动踏板无自由行程

32. 制动跑偏的原因有悬架元件连接螺栓松动、一侧制动器底板变形、一侧制动分泵活塞活动受阻和（　　）等。

A. 制动液少　　B. 制动主缸故障

C. 制动踏板行程过大　　D. 轮胎压力不一致

33. 前轮摆动的原因有车轮不平衡、前轮定位不准、横拉杆球头磨损和（　　）等。

A. 离合器变形　　B. 车轮轮辋产生偏摆

C. 转向器故障　　　　　　　　　　D. 方向盘故障

34. 前轮摆动的原因有车轮轮辋产生偏摆、前轮定位不准、横拉杆球头磨损和（　　）等。

A. 车轮不平衡　　　　　　　　　　B. 离合器变形

C. 转向器故障　　　　　　　　　　D. 方向盘故障

第 4 部分

操作技能复习题

故障诊断与排除技能

一、点火系统故障诊断与排除——排除汽油机点火系低压电路故障（试题代码①：1.1.2；考核时间：15 min）

1. 试题单

（1）操作条件

1）汽油发动机台架（如 CA1091）1 台。

2）发动机电路故障件。

3）试灯。

4）常用工具 1 套。

（2）操作内容

1）在规定时限内，认真检查燃、润油，水和电状况。

2）判断点火系低压电路故障原因。

3）排除故障。

（3）操作要求

① 试题代码表示该试题在操作技能考核方案表格中的所属位置。左起第一位表示项目号，第二位表示单元号，第三位表示在该项目、单元下的第几个试题。

1）正确使用工具。

2）起动机使用应符合规定。

3）诊断方法、流程正确。

4）准确诊断故障的原因。

5）排除故障应完全、彻底。

6）符合安全操作规程。

7）在 15 min 内完成。

2. 评分表

<table>
<tr><td colspan="2">试题代码及名称</td><td colspan="3">1.1.2　点火系统故障诊断与排除——排除汽油机点火系低压电路故障</td><td colspan="3">考核时间</td><td colspan="3">15 min</td></tr>
<tr><td colspan="2" rowspan="2">评价要素</td><td rowspan="2">配分</td><td rowspan="2">等级</td><td rowspan="2">评分细则</td><td colspan="5">评定等级</td><td rowspan="2">得分</td></tr>
<tr><td>A</td><td>B</td><td>C</td><td>D</td><td>E</td></tr>
<tr><td rowspan="5">1</td><td rowspan="5">正确使用工具；起动机使用应符合规定；符合安全规程</td><td rowspan="5">10</td><td>A</td><td>工具使用规范，方法正确；起动机的使用方法正确；操作过程符合安全规程</td><td rowspan="5"></td><td rowspan="5"></td><td rowspan="5"></td><td rowspan="5"></td><td rowspan="5"></td><td rowspan="5"></td></tr>
<tr><td>B</td><td>工具使用有 1～2 处不恰当；起动机的使用方法正确；操作过程符合安全规程</td></tr>
<tr><td>C</td><td>工具使用有 3 处以上不恰当；起动机的使用方法正确；操作过程符合安全规程</td></tr>
<tr><td>D</td><td>起动机的使用不当或操作过程中有不符合安全规程的地方</td></tr>
<tr><td>E</td><td>未答题</td></tr>
<tr><td rowspan="5">2</td><td rowspan="5">诊断故障的原因应准确；排除故障应完全、彻底</td><td rowspan="5">10</td><td>A</td><td>故障诊断方法正确，诊断流程合理；故障排除后能迅速起动，怠速稳定，运转正常</td><td rowspan="5"></td><td rowspan="5"></td><td rowspan="5"></td><td rowspan="5"></td><td rowspan="5"></td><td rowspan="5"></td></tr>
<tr><td>B</td><td>诊断流程不规范，诊断结果正确；故障排除彻底</td></tr>
<tr><td>C</td><td>能正确诊断故障；排除方法有误</td></tr>
<tr><td>D</td><td>故障诊断错误</td></tr>
<tr><td>E</td><td>未答题</td></tr>
</table>

续表

试题代码及名称		1.1.2　点火系统故障诊断与排除——排除汽油机点火系低压电路故障			考核时间		15 min			
评价要素		配分	等级	评分细则	评定等级					得分
					A	B	C	D	E	
3	在规定时间内完成	5	A	提前 5 min 完成						
			B	提前 2 min 完成						
			C	在 15 min 内完成						
			D	在规定时间内仅完成小部分操作						
			E	未答题						
合计配分		25		合计得分						

等级	A（优）	B（良）	C（及格）	D（差）	E（未答题）
比值	1.0	0.8	0.6	0.2	0

“评价要素”得分＝配分×等级比值。

二、点火系统故障诊断与排除——排除汽油机点火系高压电路故障（试题代码：1.1.3；考核时间：15 min）

1. 试题单

（1）操作条件

1）汽油发动机台架（如 CA1091）1 台。

2）发动机电路故障件。

3）常用工具 1 套。

（2）操作内容

1）在规定时限内，认真检查燃、润油，水和电状况。

2）判断点火系高压电路故障的原因。

3）排除故障。

（3）操作要求

1）正确使用工具。

2）诊断方法、流程正确。

3）准确诊断故障的原因。

4）排除故障应完全、彻底。

5）符合安全操作规程。

6）在 15 min 内完成。

2. 评分表

<table>
<tr><td colspan="2">试题代码及名称</td><td colspan="3">1.1.3 点火系统故障诊断与排除——排除汽油机点火系高压电路故障</td><td colspan="3">考核时间</td><td colspan="3">15 min</td></tr>
<tr><td colspan="2" rowspan="2">评价要素</td><td rowspan="2">配分</td><td rowspan="2">等级</td><td rowspan="2">评分细则</td><td colspan="5">评定等级</td><td rowspan="2">得分</td></tr>
<tr><td>A</td><td>B</td><td>C</td><td>D</td><td>E</td></tr>
<tr><td rowspan="5">1</td><td rowspan="5">正确使用工具；起动机使用应符合规定；符合安全规程</td><td rowspan="5">10</td><td>A</td><td>工具使用规范，方法正确；起动机的使用方法正确；操作过程符合安全规程</td><td rowspan="5"></td><td rowspan="5"></td><td rowspan="5"></td><td rowspan="5"></td><td rowspan="5"></td><td rowspan="5"></td></tr>
<tr><td>B</td><td>工具使用有 1～2 处不恰当；起动机的使用方法正确；操作过程符合安全规程</td></tr>
<tr><td>C</td><td>工具使用有 3 处以上不恰当；起动机的使用方法正确；操作过程符合安全规程</td></tr>
<tr><td>D</td><td>起动机的使用不当或操作过程中有不符合安全规程的地方</td></tr>
<tr><td>E</td><td>未答题</td></tr>
<tr><td rowspan="5">2</td><td rowspan="5">诊断故障的原因应准确；排除故障应完全、彻底</td><td rowspan="5">10</td><td>A</td><td>故障诊断方法正确，诊断流程合理；故障排除彻底</td><td rowspan="5"></td><td rowspan="5"></td><td rowspan="5"></td><td rowspan="5"></td><td rowspan="5"></td><td rowspan="5"></td></tr>
<tr><td>B</td><td>诊断流程不规范，诊断结果正确；故障排除彻底</td></tr>
<tr><td>C</td><td>能正确诊断故障；排除方法有误</td></tr>
<tr><td>D</td><td>故障诊断错误</td></tr>
<tr><td>E</td><td>未答题</td></tr>
</table>

续表

<table>
<tr><td colspan="2">试题代码及名称</td><td colspan="3">1.1.3　点火系统故障诊断与排除——排除汽油机点火系高压电路故障</td><td colspan="5">考核时间</td><td colspan="2">15 min</td></tr>
<tr><td colspan="2" rowspan="2">评价要素</td><td rowspan="2">配分</td><td rowspan="2">等级</td><td rowspan="2">评分细则</td><td colspan="5">评定等级</td><td rowspan="2">得分</td></tr>
<tr><td>A</td><td>B</td><td>C</td><td>D</td><td>E</td></tr>
<tr><td rowspan="5">3</td><td rowspan="5">在规定时间内完成</td><td rowspan="5">5</td><td>A</td><td>提前5 min完成</td><td rowspan="5"></td><td rowspan="5"></td><td rowspan="5"></td><td rowspan="5"></td><td rowspan="5"></td><td rowspan="5"></td></tr>
<tr><td>B</td><td>提前2 min完成</td></tr>
<tr><td>C</td><td>在15 min内完成</td></tr>
<tr><td>D</td><td>在规定时间内仅完成小部分操作</td></tr>
<tr><td>E</td><td>未答题</td></tr>
<tr><td colspan="2">合计配分</td><td>25</td><td colspan="8">合计得分</td></tr>
</table>

等级	A（优）	B（良）	C（及格）	D（差）	E（未答题）
比值	1.0	0.8	0.6	0.2	0

“评价要素”得分＝配分×等级比值。

三、点火系统故障诊断与排除——排除汽油发动机怠速不良故障（试题代码：1.1.4；考核时间：15 min）

1. 试题单

（1）操作条件

1）汽油发动机台架（如CA1091）1台。

2）发动机电路故障件。

3）试灯。

4）常用工具1套。

（2）操作内容

1）在规定时限内，认真检查燃、润油，水和电状况。

2）判断汽油发动机怠速不良故障的原因。

3）排除故障。

（3）操作要求

1）正确使用工具。

2）诊断方法、流程正确。

3）准确诊断故障的原因。

4）排除故障应完全、彻底，发动机怠速稳定。

5）符合安全操作规程。

6）在 15 min 内完成。

2. 评分表

<table>
<tr><td colspan="2">试题代码及名称</td><td colspan="3">1.1.4　点火系统故障诊断与排除——排除汽油发动机怠速不良故障</td><td colspan="3">考核时间</td><td colspan="3">15 min</td></tr>
<tr><td colspan="2" rowspan="2">评价要素</td><td rowspan="2">配分</td><td rowspan="2">等级</td><td rowspan="2">评分细则</td><td colspan="5">评定等级</td><td rowspan="2">得分</td></tr>
<tr><td>A</td><td>B</td><td>C</td><td>D</td><td>E</td></tr>
<tr><td rowspan="5">1</td><td rowspan="5">正确使用工具；起动机使用应符合规定；操作符合安全规程</td><td rowspan="5">10</td><td>A</td><td>工具使用规范，方法正确；起动机的使用方法正确；操作过程符合安全规程</td><td rowspan="5"></td><td rowspan="5"></td><td rowspan="5"></td><td rowspan="5"></td><td rowspan="5"></td><td rowspan="5"></td></tr>
<tr><td>B</td><td>工具使用有 1～2 处不恰当；起动机的使用方法正确；操作过程符合安全规程</td></tr>
<tr><td>C</td><td>工具使用有 3 处以上不恰当；起动机的使用方法正确；操作过程符合安全规程</td></tr>
<tr><td>D</td><td>起动机的使用不当或操作过程中有不符合安全规程的地方</td></tr>
<tr><td>E</td><td>未答题</td></tr>
<tr><td rowspan="5">2</td><td rowspan="5">诊断故障的原因应准确；排除故障应完全、彻底；发动机怠速稳定</td><td rowspan="5">10</td><td>A</td><td>故障诊断方法正确，诊断流程合理；故障排除彻底；发动机怠速稳定</td><td rowspan="5"></td><td rowspan="5"></td><td rowspan="5"></td><td rowspan="5"></td><td rowspan="5"></td><td rowspan="5"></td></tr>
<tr><td>B</td><td>诊断流程不规范，诊断结果正确；故障排除彻底；发动机怠速稍不稳定</td></tr>
<tr><td>C</td><td>能正确诊断故障；排除方法有误</td></tr>
<tr><td>D</td><td>故障诊断错误</td></tr>
<tr><td>E</td><td>未答题</td></tr>
</table>

续表

<table>
<tr><td colspan="2">试题代码及名称</td><td colspan="3">1.1.4　点火系统故障诊断与排除——排除汽油发动机怠速不良故障</td><td colspan="3">考核时间</td><td colspan="3">15 min</td></tr>
<tr><td colspan="2" rowspan="2">评价要素</td><td rowspan="2">配分</td><td rowspan="2">等级</td><td rowspan="2">评分细则</td><td colspan="5">评定等级</td><td rowspan="2">得分</td></tr>
<tr><td>A</td><td>B</td><td>C</td><td>D</td><td>E</td></tr>
<tr><td rowspan="5">3</td><td rowspan="5">在规定时间内完成</td><td rowspan="5">5</td><td>A</td><td>提前5 min完成</td><td rowspan="5"></td><td rowspan="5"></td><td rowspan="5"></td><td rowspan="5"></td><td rowspan="5"></td><td rowspan="5"></td></tr>
<tr><td>B</td><td>提前2 min完成</td></tr>
<tr><td>C</td><td>在15 min内完成</td></tr>
<tr><td>D</td><td>在规定时间内仅完成小部分操作</td></tr>
<tr><td>E</td><td>未答题</td></tr>
<tr><td colspan="2">合计配分</td><td>25</td><td colspan="7">合计得分</td><td></td></tr>
</table>

等级	A（优）	B（良）	C（及格）	D（差）	E（未答题）
比值	1.0	0.8	0.6	0.2	0

“评价要素”得分＝配分×等级比值。

四、照明、仪表故障诊断与排除——排除仪表工作不正常故障（试题代码：1.2.2；考核时间：15 min）

1. 试题单

(1) 操作条件

1) 整车或台架。

2) 试灯。

3) 万用表。

4) 仪表电路故障件。

5) 常用工具1套。

(2) 操作内容

1) 检查汽车仪表系统，找出仪表工作不正常的现象。

2) 诊断仪表工作不正常的原因。

3) 更换故障件，排除故障。

(3) 操作要求

1）正确使用工具。

2）诊断方法、流程正确。

3）准确诊断故障的原因。

4）排除故障应完全、彻底。

5）符合安全操作规程。

6）在 15 min 内完成。

2. 评分表

<table>
<tr><td colspan="2">试题代码及名称</td><td colspan="3">1.2.2 照明、仪表故障诊断与排除——排除仪表工作不正常故障</td><td colspan="3">考核时间</td><td colspan="3">15 min</td></tr>
<tr><td colspan="2" rowspan="2">评价要素</td><td rowspan="2">配分</td><td rowspan="2">等级</td><td rowspan="2">评分细则</td><td colspan="5">评定等级</td><td rowspan="2">得分</td></tr>
<tr><td>A</td><td>B</td><td>C</td><td>D</td><td>E</td></tr>
<tr><td rowspan="5">1</td><td rowspan="5">正确使用工具；操作符合安全规程</td><td rowspan="5">5</td><td>A</td><td>工具使用规范，方法正确；操作过程符合安全规程</td><td rowspan="5"></td><td rowspan="5"></td><td rowspan="5"></td><td rowspan="5"></td><td rowspan="5"></td><td rowspan="5"></td></tr>
<tr><td>B</td><td>工具使用有 1 处不恰当；起动机的使用方法正确；操作过程符合安全规程</td></tr>
<tr><td>C</td><td>工具使用有 2 处不恰当；起动机的使用方法正确；操作过程符合安全规程</td></tr>
<tr><td>D</td><td>工具不会使用或操作过程中有不符合安全规程的地方</td></tr>
<tr><td>E</td><td>未答题</td></tr>
<tr><td rowspan="5">2</td><td rowspan="5">诊断故障的原因应准确；排除故障应完全、彻底</td><td rowspan="5">15</td><td>A</td><td>故障诊断方法正确，诊断流程合理；故障排除彻底</td><td rowspan="5"></td><td rowspan="5"></td><td rowspan="5"></td><td rowspan="5"></td><td rowspan="5"></td><td rowspan="5"></td></tr>
<tr><td>B</td><td>诊断流程不规范，诊断结果正确；故障排除彻底</td></tr>
<tr><td>C</td><td>能正确诊断故障；排除方法有误</td></tr>
<tr><td>D</td><td>故障诊断错误</td></tr>
<tr><td>E</td><td>未答题</td></tr>
</table>

续表

<table>
<tr><td colspan="2">试题代码及名称</td><td colspan="3">1.2.2　照明、仪表故障诊断与排除——排除仪表工作不正常故障</td><td colspan="3">考核时间</td><td colspan="3">15 min</td></tr>
<tr><td colspan="2" rowspan="2">评价要素</td><td rowspan="2">配分</td><td rowspan="2">等级</td><td rowspan="2">评分细则</td><td colspan="5">评定等级</td><td rowspan="2">得分</td></tr>
<tr><td>A</td><td>B</td><td>C</td><td>D</td><td>E</td></tr>
<tr><td rowspan="5">3</td><td rowspan="5">在规定时间内完成</td><td rowspan="5">5</td><td>A</td><td>提前 5 min 完成</td><td rowspan="5"></td><td rowspan="5"></td><td rowspan="5"></td><td rowspan="5"></td><td rowspan="5"></td><td rowspan="5"></td></tr>
<tr><td>B</td><td>提前 2 min 完成</td></tr>
<tr><td>C</td><td>在 15 min 内完成</td></tr>
<tr><td>D</td><td>在规定时间内仅完成小部分操作</td></tr>
<tr><td>E</td><td>未答题</td></tr>
<tr><td colspan="2">合计配分</td><td>25</td><td colspan="8">合计得分</td></tr>
</table>

等级	A（优）	B（良）	C（及格）	D（差）	E（未答题）
比值	1.0	0.8	0.6	0.2	0

“评价要素”得分＝配分×等级比值。

五、照明、仪表故障诊断与排除——排除喇叭不响故障（试题代码：1.2.3；考核时间：15 min）

1. 试题单

（1）操作条件

1）整车或台架。

2）试灯。

3）万用表。

4）喇叭电路故障件。

5）常用工具 1 套。

（2）操作内容

1）检查汽车喇叭，找出喇叭不响的原因。

2）更换故障件，排除故障。

（3）操作要求

1）正确使用工具。

2）诊断方法、流程正确。

3）准确诊断故障的原因。

4）排除故障应完全、彻底。

5）符合安全操作规程。

6）在 15 min 内完成。

2. 评分表

试题代码及名称		1.2.3　照明、仪表故障诊断与排除——排除喇叭不响故障							考核时间	15 min
评价要素		配分	等级	评分细则	评定等级					得分
					A	B	C	D	E	
1	正确使用工具；操作符合安全规程	5	A	工具使用规范，方法正确；操作过程符合安全规程						
			B	工具使用有 1 处不恰当；操作过程符合安全规程						
			C	工具使用有 2 处不恰当；操作过程符合安全规程						
			D	工具不会使用或操作过程中有不符合安全规程的地方						
			E	未答题						
2	诊断故障的原因应准确；排除故障应完全、彻底	15	A	故障诊断方法正确，诊断流程合理；故障排除彻底						
			B	诊断流程不规范，诊断结果正确；故障排除彻底						
			C	能正确诊断故障；排除方法有误						
			D	故障诊断错误						
			E	未答题						

续表

试题代码及名称		1.2.3　照明、仪表故障诊断与排除——排除喇叭不响故障			考核时间		15 min			
评价要素		配分	等级	评分细则	评定等级					得分
					A	B	C	D	E	
3	在规定时间内完成	5	A	提前 5 min 完成						
			B	提前 2 min 完成						
			C	在 15 min 内完成						
			D	在规定时间内仅完成小部分操作						
			E	未答题						
合计配分		25		合计得分						

等级	A（优）	B（良）	C（及格）	D（差）	E（未答题）
比值	1.0	0.8	0.6	0.2	0

“评价要素”得分＝配分×等级比值。

维修技能

一、维修技能（一）——汽车制动器制动间隙的调整（试题代码：2.1.2；考核时间：15 min）

1. 试题单

（1）操作条件

1）制动器台架（如：EQ6100）。

2）厚薄规。

3）常用工具 1 套。

（2）操作内容

1）拆卸制动鼓。

2）调整制动蹄鼓间隙。

3）安装制动鼓。

（3）操作要求

1）正确使用厚薄规和工具。

2）调整的方法正确。

3）调整后的制动器间隙应符合技术要求。

4）操作符合安全规程。

5）在 15 min 内完成。

2. 评分表

<table>
<tr><td colspan="2">试题代码及名称</td><td colspan="3">2.1.2　维修技能（一）——汽车制动器制动间隙的调整</td><td colspan="3">考核时间</td><td colspan="4">15 min</td></tr>
<tr><td colspan="2" rowspan="2">评价要素</td><td rowspan="2">配分</td><td rowspan="2">等级</td><td rowspan="2">评分细则</td><td colspan="5">评定等级</td><td rowspan="2">得分</td></tr>
<tr><td>A</td><td>B</td><td>C</td><td>D</td><td>E</td></tr>
<tr><td rowspan="5">1</td><td rowspan="5">操作过程</td><td rowspan="5">10</td><td>A</td><td>能正确使用量具、工具；调整的方法正确；操作符合安全规程</td><td rowspan="5"></td><td rowspan="5"></td><td rowspan="5"></td><td rowspan="5"></td><td rowspan="5"></td><td rowspan="5"></td></tr>
<tr><td>B</td><td>使用量具、工具不够规范；调整的方法正确；操作符合安全规程</td></tr>
<tr><td>C</td><td>调整方法不正确或操作过程不符合安全规程</td></tr>
<tr><td>D</td><td>调整方法不正确；操作过程中有不符合安全规程的地方</td></tr>
<tr><td>E</td><td>未答题</td></tr>
<tr><td rowspan="5">2</td><td rowspan="5">测量结果</td><td rowspan="5">10</td><td>A</td><td>调整后的制动器间隙符合技术要求</td><td rowspan="5"></td><td rowspan="5"></td><td rowspan="5"></td><td rowspan="5"></td><td rowspan="5"></td><td rowspan="5"></td></tr>
<tr><td>B</td><td>调整结果误差在±0.02 mm 内</td></tr>
<tr><td>C</td><td>测量结果误差在±0.05 mm 内</td></tr>
<tr><td>D</td><td>测量结果误差大于±0.05 mm</td></tr>
<tr><td>E</td><td>未答题</td></tr>
</table>

续表

试题代码及名称		2.1.2　维修技能（一）——汽车制动器制动间隙的调整			考核时间		15 min			
	评价要素	配分	等级	评分细则	评定等级					得分
					A	B	C	D	E	
3	在规定时间内完成	5	A	提前5 min完成						
			B	提前2 min完成						
			C	在15 min内完成						
			D	在规定时间内仅完成小部分操作						
			E	未答题						
	合计配分	25		合计得分						

等级	A（优）	B（良）	C（及格）	D（差）	E（未答题）
比值	1.0	0.8	0.6	0.2	0

"评价要素"得分＝配分×等级比值。

二、维修技能（二）——轮胎的气压检查及轮胎拆装（试题代码：2.2.2；考核时间：15 min）

1．试题单

（1）操作条件

1）整车或台架（如：CA1091）。

2）轮胎拆装工具。

3）常用工具1套。

（2）操作内容

1）检查轮胎。

2）检查、调整轮胎气压。

3）安装轮胎。

（3）操作要求

1）应能正确使用工具。

2）轮胎检查方法正确，轮胎拆装方法正确。

3）轮胎气压测量值正确。

4）轮胎安装结果符合要求。

5）符合安全操作规程。

6）在 15 min 内完成。

2. 评分表

试题代码及名称		2.2.2 维修技能（二）——轮胎的气压检查及轮胎拆装			考核时间		15 min			
评价要素		配分	等级	评分细则	评定等级					得分
					A	B	C	D	E	
1	操作过程	10	A	能正确使用工具，操作符合安全规范；轮胎检查方法正确，轮胎拆装方法正确						
			B	轮胎检查方法正确，轮胎拆装方法正确；使用量具、工具不够规范						
			C	仅能完成轮胎气压检查和拆装作业						
			D	方法不正确或不能拆装轮胎						
			E	未答题						
2	检查、安装结果	10	A	轮胎气压测量值正确；安装结果符合要求						
			B	轮胎气压测量误差小于 0.01 MPa						
			C	轮胎气压测量误差小于 0.03 MPa						
			D	轮胎气压测量误差大于 0.03 MPa						
			E	未答题						
3	在规定时间内完成	5	A	提前 5 min 完成						
			B	提前 2 min 完成						
			C	在 15 min 内完成						
			D	在规定时间内仅完成小部分操作						
			E	未答题						
合计配分		25		合计得分						

等级	A（优）	B（良）	C（及格）	D（差）	E（未答题）
比值	1.0	0.8	0.6	0.2	0

“评价要素”得分＝配分×等级比值。

第5部分

理论知识考试模拟试卷及答案

汽车驾驶员（五级）理论知识试卷

注 意 事 项

1. 考试时间：90 min。
2. 请首先按要求在试卷的标封处填写您的姓名、准考证号和所在单位的名称。
3. 请仔细阅读各种题目的回答要求，在规定的位置填写您的答案。
4. 不要在试卷上乱写乱画，不要在标封区填写无关的内容。

	一	二	总分
得分			

得分	
评分人	

一、判断题（第1题～第60题。将判断结果填入括号中。正确的填“√”，错误的填“×”。每题0.5分，满分30分）

1. 驱动车轮的着地处，车轮施加给路面的作用力称为驱动力。（　　）
2. 在保证安全行驶的前提下，获得较高的汽车平均技术速度是道路条件之一。（　　）
3. 运输条件包括货物种类和特性、客货流向、流量或运量、客货运送距离和送达期

限等。 （　）

4. 汽车行驶的充分必要条件是：$\Sigma F\leqslant Ft\leqslant F\varphi$。 （　）

5. 汽车在平直硬路面上行驶，道路滚动阻力主要是由于摩擦力造成的。 （　）

6. 空气阻力与迎风面积成正比，与速度的平方成反比。 （　）

7. 车辆在冰雪路面紧急制动时，易产生侧滑，应降低车速，利用发动机制动进行减速。 （　）

8. 在划分快速车道和慢速车道的道路上，机动车都应在慢速车道行驶，仅在超车时才可进入快速车道。 （　）

9. 当车辆总质量超过桥梁所限吨位时，车辆可加速通过。 （　）

10. 汽车涉水后要用低速挡行驶，连续使用制动，使制动效能恢复后再正常行驶。 （　）

11. 车辆在高架道路上倒车时，驾驶员必须查明身后情况，确认安全后方准倒车。 （　）

12. 山区行车原则上靠道路右侧，但要注意路边土质的松软或路基的坚实程度。（　）

13. 汽车在冰雪路面上行驶，可在转向轮上安装防滑链条，以增加附着力。 （　）

14. 汽车运输危险物品时，可以不在公安机关办手续。 （　）

15. 汽车装载危险品时，严禁超载、人货混装，也不准与其他物品混装。 （　）

16. 大型货运汽车载物，高度从地面起不准超过 5 m。 （　）

17. 驾驶员疲劳后在控制车速、行车方向和对交通标志的反应等方面的效能仍能维持正常。 （　）

18. 注意力不集中、动作不协调、思考能力下降和自制力减退是驾驶员疲劳的主要症状。 （　）

19. 人的心理过程包括认识、情感和意志 3 个方面。 （　）

20. 驾驶员可以根据自己的气质特点有针对性地改变自己不利于安全驾驶的心理特征。 （　）

21. 车辆的完好率是完好车日和非完好车日之比。 （　）

22. 燃料消耗定额是指汽车每行驶百公里所消耗的燃料定额。 （　）

23. 所有行驶里程在相应定额大修里程的2/3以内的车辆，都属于一级车。（　）

24. 运输质量主要用运送货物的完整性、准确性、及时性来考核。（　）

25. 周转量是指汽车运输企业所完成的运量与运距的乘积。（　）

26. 影响单车产量的因素有车辆在时间、速度、行程3方面的利用程度。（　）

27. “4×2”表示汽车的驱动形式，“4”表示这辆车有4个车轮，“2”表示这辆车有2个前轮作驱动车轮。（　）

28. 汽车由发动机、底盘、电气设备和车身4大部分组成。（　）

29. 汽油机由曲柄连杆机构、配气机构、燃油供给系、起动系、冷却系和润滑系组成。（　）

30. 配气机构的作用是按照发动机各缸工作顺序和工作循环的要求，定时地开闭进排气门。（　）

31. 活塞顶是燃烧室的一部分，活塞头部主要用来安装活塞环，活塞裙部可起导向的作用。（　）

32. 连杆的作用是将活塞承受的力传递给曲轴。（　）

33. 由气门组和气门传动组所构成的机构称为配气机构。（　）

34. 挺杆在工作时，既有上下往复运动，又有旋转运动。（　）

35. 柴油机燃料供给系中低压油路的油压是喷油泵建立的，高压油路的油压是由输油泵建立的。（　）

36. 喷油泵要保证有足够的压力，以利于喷雾。（　）

37. 润滑系的润滑方式有压力润滑、飞溅润滑和复合润滑。活塞通常采用飞溅润滑，曲轴通常采用压力润滑。（　）

38. 机油泵安全阀的作用是用来防止主油道压力过低。（　）

39. 变速器为防止同时挂入两个挡位，必须在操纵机构内装设自锁装置。（　）

40. 要实现等角速传动，则必须保证传动轴两端的万向节处在同一个平面内。（　）

41. 绝大多数载货汽车采用整体结构的驱动桥壳，即断开式驱动桥。（　）

42. 前轮前束值是通过改变转向横拉杆长度来调整的。（　）

43. 非独立悬架的驱动桥，当一侧车轮跳动时，另一侧车轮也随之跳动。（　）

44. 鼓式车轮制动器主要有简单平衡式、平衡式和自动增力式 3 种形式。（ ）

45. 真空助力器由驾驶员通过制动踏板直接操纵。（ ）

46. 电源系统包括发电机、蓄电池和调节器。（ ）

47. 交流发电机能自动限制最大输出电流，所以不需要节流器。（ ）

48. 当发动机起动时，由发电机向起动机供电。（ ）

49. 起动机的单向离合器在起动前退回，防止飞轮齿圈超速。（ ）

50. 起动机吸引线圈由点火开关控制。（ ）

51. 分电器轴上的凸轮不断地使触点闭合打开，每闭合后断开一次，即点火线圈点火一次。（ ）

52. 高压电路中，点火线圈的高压线圈是电源，火花塞间隙的电火花是负载。（ ）

53. 柴油的牌号是按凝点来划分的。（ ）

54. 日常维护作业时，中心内容是以清洁、补给、安全和检视为主。（ ）

55. 二级维护以清洁、检查、调整为主。（ ）

56. 气门间隙过小会降低发动机功率，气门间隙过大会损坏气门。（ ）

57. 制动跑偏和轮胎气压无关。（ ）

58. 汽车行驶时，不能保持直线行驶方向，而自动偏向一侧称为行驶跑偏。（ ）

59. 点火过迟会使发动机产生爆燃。（ ）

60. 汽车有排气冒黑烟、排气管有响声、发动润滑油耗过多的现象一般是混合气过浓故障。（ ）

得分	
评分人	

二、单项选择题（第 1 题～第 70 题。选择一个正确的答案，将相应的字母填入题内的括号中。每题 1 分，满分 70 分）

1. 汽车正常运行的基本条件是运输条件、（ ）和气候条件。

A. 人员条件　B. 驾驶条件　C. 道路条件　D. 汽车条件

2. 下列因素和地面法向反作用力的大小无关的是（ ）。

A. 汽车总质量　B. 质心位置　C. 道路坡度　D. 车身外形

3. 路面施加给（　　）的反作用力称为驱动力。

A. 驱动轮　　B. 从动轮　　C. 转向轮　　D. 发动机

4. 牵引力的最大值应（　　）附着力。

A. 小于　　B. 大于　　C. 不小于　　D. 不大于

5. 经常行驶在山区的汽车，应以满足（　　）作为动力性指标。

A. 爬坡能力　　B. 最高车速　　C. 最低车速　　D. 换挡能力

6. 车辆驶入双向行驶隧道前，应开启（　　）。

A. 危险报警闪光灯　　B. 远光灯

C. 防雾灯　　D. 示宽灯或近光灯

7. 夜间在道路上临时停车，应开启（　　）。

A. 示宽灯　　B. 尾灯

C. 示宽灯和尾灯　　D. 前照灯

8. 机动车在窄路、窄桥与非机动车会车时，（　　）。

A. 应关闭近光灯，改用远光灯　　B. 应关闭近光灯，改用示宽灯

C. 不准持续使用远光灯　　D. 以上都不正确

9. 汽车在一般道路上，当时速达到 40～60 km/h，超车或被超车的最小安全横距应为（　　）m。

A. 0.6～0.8　　B. 0.8～1.0　　C. 1.0～1.4　　D. 0.3～0.5

10. 车辆行驶距交叉路口（　　）m 应开转向灯表明前进方向。

A. 30～50　　B. 50～100　　C. 100～150　　D. 150～200

11. （　　）不是高速公路的特点。

A. 有最低限速　　B. 中央有隔离带

C. 机动车和非机动车分离　　D. 没有限速

12. 车辆行经漫水路段时，必须（　　）。

A. 加速通过，以防发动机熄火　　B. 停车查明水情，确认安全，低速通过

C. 有人在前面引路，低速通过　　D. 高速挡快速通过

13. 在平坦路上汽车运输危险物品车距应大于（　　）m。

A. 40　　B. 50　　C. 59　　D. 30

14. （　　）不是疲劳驾驶的主要表现。

A. 无力感　　B. 动作灵活、协调

C. 注意功能失调　　D. 自制力减退

15. 驾驶员长期处于紧张状态，会造成神经功能紊乱，最易患（　　）。

A. 胃溃疡　　B. 高血压　　C. 综合性疲劳　　D. 腰痛病

16. 轮胎翻新率是指经翻新报废的轮胎数和（　　）之比。

A. 总轮胎数　　B. 报废轮胎数

C. 未翻新轮胎数　　D. 已翻新轮胎数

17. 平均百吨公里燃料消耗定额是实际消耗量与（　　）之比乘上 100（L/100t・km）。

A. 实际完成周转量　　B. 实际消耗量

C. 总行驶公里　　D. 总油量

18. 汽车由发动机、（　　）、电气设备和车身 4 大部分组成。

A. 润滑系　　B. 传动系　　C. 底盘　　D. 制动系

19. 因为柴油机中的柴油是（　　）燃的，所以柴油机没有点火系。

A. 压　　B. 引　　C. 爆　　D. 自

20. 活塞环装入气缸后的开口间隙称为活塞环的（　　）。

A. 端隙　　B. 侧隙　　C. 背隙　　D. 环隙

21. 缸盖是铝合金的，缸体是铸铁的，那么汽缸垫毛边应该朝向（　　）。

A. 缸盖　　B. 缸体

C. 都可以　　D. 条件不全，无法判断

22. 曲柄连杆机构主要组成部分是（　　）。

A. 曲轴、连杆、飞轮、活塞销　　B. 连杆、活塞、飞轮、曲轴

C. 活塞环、连杆、连杆轴承、曲轴　　D. 连杆轴承、曲轴飞轮、活塞销

23. 四冲程直列六缸发动机的工作顺序一般是（　　）。

A. 1—5—3—6—2—4　　B. 1—3—2—4—5—6

C. 1—2—3—4—5—6　　D. 1—6—4—2—3—5

24. 顶置式配气机构挺杆的作用点将凸轮的推举运动传给（　　），以控制气门的开闭。

A. 气门　　B. 推杆　　C. 气门导管　　D. 弹簧

25. 汽油机燃料系中进排气装置基本上由进气歧管、排气歧管和（　　）组成。

A. 排气消音器　　B. 三元催化器

C. 进气加热装置　　D. 散热器

26. 汽油滤清器的滤芯形式没有（　　）。

A. 纸质滤芯　　B. 金属片缝隙式

C. 多孔陶瓷　　D. 铝合金

27. 汽油机和柴油机的结构相比，柴油机中没有（　　）。

A. 燃油供给系　　B. 冷却系　　C. 润滑系　　D. 点火系

28. 水冷系主要由散热器、风扇、百叶窗、水泵、（　　）、水道等部件组成。

A. 调节器　　B. 节温器　　C. 节流器　　D. 节压器

29. 当发动机冷却液的温度＞85℃，冷却液的流动路线是（　　）。

A. 散热器→水泵→分水管→水套→节温器→散热器

B. 散热器→水泵→分水管→水套→节温器→水泵

C. 散热器→水泵→分水管→水套→散热器

D. 散热器→水泵→分水管→水套→分泵

30. 机油没有压力时，机油压力开关在弹簧力的作用下（　　），报警灯亮。

A. 接通触点，导通开关　　B. 切断触点，导通开关

C. 接通触点，断开开关　　D. 切断触点，断开开关

31. 离合器的主要功用是（　　），保证汽车行驶中变速器顺利换挡和防止传动系过载。

A. 保证汽车平稳起步　　B. 保证制动力

C. 提高压盘的厚度　　D. 快速起动

32. 为了避免齿轮自动脱挡，在变速器操纵机构中设置了（　　）装置。

A. 差速锁　　B. 倒挡锁　　C. 自锁　　D. 自动

33. 传递车架与车轮之间的各种作用力及其产生的弯矩和扭矩是（　　）的作用。

A. 车桥　　B. 车架　　C. 前轮定位　　D. 悬架

34. 越野汽车的前桥属于（　）。

A. 转向桥　B. 驱动桥　C. 转向驱动桥　D. 支承桥

35. 按转向助力形式，转向器可分为液压式、电子式和（　）式。

A. 气压　B. 水压　C. 电磁　D. 电动

36. 上海桑塔纳轿车采用（　）转向器。

A. 齿轮齿条式　B. 循环球式　C. 曲柄指销式　D. 蜗杆滚轮式

37. 主销轴线与通过前轮中心垂线之间形式的夹角，称（　）角。

A. 主销后倾　B. 主销内倾　C. 车轮外倾　D. 前轮前束

38. 盘式制动器由（　）组成。

A. 制动钳　B. 制动盘　C. 制动片　D. A+B+C

39. 液压制动的装置是用（　）进行力的转换和传输的。

A. 机油　B. 制动油液　C. 水　D. 气体

40. 发动机起动时，蓄电池（　）。

A. 为起动机提供较大的电能　B. 向点火装置供电

C. 向燃油装置供电　D. A+B+C

41. 蓄电池除储存电能外，另一功用是起（　）作用，保护晶体管电器。

A. 电容　B. 电阻　C. 电感　D. 电池

42. 当发动机（　）时，发电机向各用电设备供电。

A. 高速运转　B. 中速运转　C. 低速运转　D. 静止

43. 下列属于信号灯具的是（　）。

A. 制动灯　B. 前照灯　C. 雾灯　D. 门灯

44. 冷型火花塞的绝缘裙部短、散热快，适用于（　）速发动机。

A. 低　B. 高　C. 中　D. 中低

45. 汽油的号数表示汽油（　）性能的好坏。

A. 抗爆　B. 燃烧　C. 蒸发　D. 流动

46. 汽车常见的塑料零件有（　）。

A. 正时齿轮　B. 凸轮轴　C. 气门　D. 活塞

47. 要进行渗碳处理的零件，其材料一般选用（　　）。

A. 低碳钢　　B. 中碳钢　　C. 高碳钢　　D. A3 钢

48. 电控燃油喷射系统由电子控制系统、燃油供给系统和（　　）组成。

A. 润滑系统　　B. 空气供给系统

C. 冷却系统　　D. 配气系统

49. 怠速进气控制方式主要有旁通空气道式和（　　）。

A. 节气门旁动式　　B. 旁通节气门式

C. 节气门直动式　　D. 旁通油道式

50. 车轮防抱死制动系统电子控制系统一般由传感器、ECU、（　　）和警告灯组成。

A. 刹车片　　B. 制动鼓　　C. 执行器　　D. 调节器

51. 电子控制动力转向系统的控制不需要（　　）信号。

A. 车速　　B. 转向盘转角

C. 转向时的转矩　　D. 发动机转速

52. 车辆维护的目的是（　　）。

A. 防止车辆早期损坏　　B. 改善动力

C. 使车辆整齐　　D. 使车辆漂亮

53. 非定期维护一般包括走合维护、（　　）维护和长期停驶或封存汽车的维护。

A. 换季　　B. 出车　　C. 一级　　D. 二级维护

54. 一级维护的作业内容以（　　）为主。

A. 清洁、润滑、补给　　B. 清洁、补给、紧固

C. 清洁、润滑、紧固　　D. 润滑、补给、紧固

55. 人字花纹或胎侧上有旋转方向标记的轮胎应按（　　）装用。

A. 正方向　　B. 反方向　　C. 规定方向　　D. 侧反方向

56. 点火系高压火花弱，可能原因是（　　）。

A. 电容器断路、失效　　B. 电容器短路

C. 低压断路　　D. 火花塞短路

57. 离合器从动盘因磨损变薄，会造成离合器踏板自由行程（　　）。

A. 变大　　B. 变小　　C. 不变　　D. 先变大后变小

58. 制动摩擦片太薄可能造成的结果是（　　）。

A. 制动效果变差　　B. 制动效果变好

C. 制动效果不变　　D. 都有可能

59. 制动跑偏的原因有悬架元件连接螺栓松动、一侧制动器底板变形、一侧制动分泵活塞活动受阻和（　　）等。

A. 制动液少　　B. 制动主缸故障

C. 制动踏板行程过大　　D. 轮胎压力不一致

60. 前轮摆动的原因有车轮轮辋产生偏摆、前轮定位不准、横拉杆球头磨损和（　　）等。

A. 车轮不平衡　　B. 离合器变形

C. 转向器故障　　D. 方向盘故障

61. 行驶跑偏的原因有两侧车轮胎压不一致、悬架变形、前轮定位不准和（　　）等。

A. 两侧轮胎磨损不一致　　B. 转向角不正确

C. 转向器故障　　D. 车轮螺栓损坏

62. 方向盘转动量过大，应检查（　　）是否过大或检查横、直拉杆接头是否松旷。

A. 方向机啮合齿轮间隙　　B. 后轮轮毂轴承间隙

C. 前轮轮胎胎压　　D. 前桥扭曲

63. 排气进化控制系统包括氧传感器的反馈控制、活性碳罐清洗控制、二次空气喷射控和（　　）等。

A. 点火提前角控制　　B. 废气再循环

C. 闭合角控制　　D. 进气控制

64. 电控柴油机的控制内容不包括（　　）。

A. 点火提前角控制　　B. 喷油时刻

C. 喷油量　　D. 怠速控制

65. 新注册两灯制每只前照灯的远光光束发光强度应达到（　　）cd。

A. 10 000　　B. 15 000　　C. 18 000　　D. 21 000

66. 蓄电池主要由外壳、极板、隔板、电解液和（　　）等组成。

A. 极柱　B. 铜柱　C. 碳棒　D. 挡板

67. 在不制动时，真空助力器加力气室的（　　）状态。

A. 左腔为真空　B. 右腔为真空

C. 左右两腔均为空气　D. 左右两腔均为真空

68. 主销内倾角的作用除了使车轮自动回正外，另一作用是（　　）。

A. 转向操纵轻便　B. 减少轮胎磨损

C. 形成车轮回正的稳定力矩　D. 提高车轮工作的安全性

69. 循环球式转向器的第一级传动副是（　　）。

A. 转向螺杆与齿条　B. 转向螺杆与转向螺母

C. 齿条与齿扇　D. 转向螺母与齿扇

70. 凸轮轴上的偏心轮用来推动（　　）。

A. 汽油泵　B. 水泵　C. 机油泵　D. 分电器

汽车驾驶员（五级）理论知识试卷答案

一、判断题（第 1 题～第 60 题。将判断结果填入括号中。正确的填“√”，错误的填“×”。每题 0.5 分，满分 30 分）

1. × 2. √ 3. √ 4. √ 5. × 6. × 7. √ 8. × 9. ×
10. √ 11. × 12. √ 13. √ 14. × 15. √ 16. × 17. × 18. √
19. √ 20. √ 21. × 22. √ 23. √ 24. √ 25. √ 26. √ 27. ×
28. √ 29. × 30. √ 31. √ 32. √ 33. √ 34. √ 35. × 36. ×
37. √ 38. × 39. × 40. × 41. × 42. √ 43. √ 44. × 45. √
46. √ 47. √ 48. × 49. × 50. √ 51. √ 52. √ 53. √ 54. √
55. √ 56. × 57. × 58. √ 59. × 60. √

二、单项选择题（第 1 题～第 70 题。选择一个正确的答案，将相应的字母填入题内的括号中。每题 1 分，满分 70 分）

1. C 2. D 3. A 4. D 5. A 6. D 7. C 8. C 9. C
10. B 11. C 12. B 13. B 14. B 15. C 16. B 17. A 18. C
19. D 20. A 21. B 22. B 23. A 24. B 25. A 26. D 27. D
28. B 29. A 30. A 31. A 32. C 33. A 34. C 35. A 36. A
37. A 38. D 39. B 40. D 41. A 42. A 43. A 44. B 45. A
46. A 47. A 48. B 49. C 50. C 51. D 52. A 53. A 54. C
55. C 56. A 57. B 58. A 59. D 60. A 61. A 62. A 63. C
64. A 65. B 66. A 67. D 68. A 69. B 70. A

第6部分

操作技能考核模拟试卷

注 意 事 项

1. 考生根据操作技能考核通知单中所列的试题做好考核准备。

2. 请考生仔细阅读试题单中具体考核内容和要求，并按要求完成操作或进行笔答或口答，若有笔答请考生在答题卷上完成。

3. 操作技能考核时要遵守考场纪律，服从考场管理人员指挥，以保证考核安全顺利进行。

注：操作技能鉴定试题评分表及答案是考评员对考生考核过程及考核结果的评分记录表，也是评分依据。

国家职业资格鉴定

汽车驾驶员（五级）操作技能考核通知单

姓名：

准考证号：

考核日期：

试题 1

试题代码：1.1.1。

试题名称：点火系统故障诊断与排除——排除汽油机点火不正时故障。

考核时间：15 min。

配分：25 分。

试题 2

试题代码：1.2.1。

试题名称：照明、仪表故障诊断与排除——排除汽车照明灯光不亮故障。

考核时间：15 min。

配分：25 分。

试题 3

试题代码：2.1.1。

试题名称：维修技能（一）——测量气缸压力。

考核时间：15 min。

配分：25 分。

试题 4

试题代码：2.2.1。

试题名称：维修技能（二）——轮毂轴承松紧度检查与调整。

考核时间：15 min。

配分：25 分。

汽车驾驶员（五级）操作技能鉴定

试　题　单

试题代码：1.1.1。

试题名称：点火系统故障诊断与排除——排除汽油机点火不正时故障。

考核时间：15 min。

1. 操作条件

（1）汽油发动机台架（如 CA1091）1 台。

（2）常用工具 1 套。

2. 操作内容

（1）在规定时限内，认真检查燃润油，水和电状况。

（2）起动发动机，诊断点火正时（过早或过迟）。

（3）调整点火正时。

3. 操作要求

（1）正确使用工具。

（2）起动机使用应符合规定。

（3）诊断方法、流程正确。

（4）准确诊断故障的原因。

（5）排除故障应完全、彻底。

（6）符合安全操作规程。

（7）在 15 min 内完成。

汽车驾驶员（五级）操作技能鉴定

试题评分表及答案

考生姓名：　　　　　　　　　　准考证号：

试题代码及名称		1.1.1 点火系统故障诊断与排除——排除汽油机点火不正时故障			考核时间			15 min		
评价要素		配分	等级	评分细则	评定等级					得分
					A	B	C	D	E	
1	正确使用工具；起动机使用应符合规定；符合安全规程	10	A	工具使用规范，方法正确；起动机的使用方法正确；操作过程符合安全规程						
			B	工具使用有1～2处不恰当；起动机的使用方法正确；操作过程符合安全规程						
			C	工具使用有3处以上不恰当；起动机的使用方法正确；操作过程符合安全规程						
			D	起动机的使用不当或操作过程中有不符合安全规程的地方						
			E	未答题						
2	准确诊断故障的原因；排除故障应完全、彻底	10	A	故障诊断方法正确，诊断流程合理；故障排除彻底						
			B	诊断流程不规范，诊断结果正确；故障排除彻底						
			C	能正确诊断故障；排除方法有误						
			D	故障诊断错误						
			E	未答题						
3	在规定时间内完成	5	A	提前5 min完成						
			B	提前2 min完成						
			C	在15 min内完成						
			D	在规定时间内仅完成小部分操作						
			E	未答题						
合计配分		25		合计得分						

考评员（签名）：

等级	A（优）	B（良）	C（及格）	D（差）	E（未答题）
比值	1.0	0.8	0.6	0.2	0

“评价要素”得分＝配分×等级比值。

汽车驾驶员（五级）操作技能鉴定

试 题 单

试题代码：1.2.1。

试题名称：照明、仪表故障诊断与排除——排除汽车照明灯光不亮故障。

考核时间：15 min。

1. 操作条件

（1）整车或台架。

（2）试灯。

（3）万用表。

（4）照明电路故障件。

（5）常用工具 1 套。

2. 操作内容

（1）检查汽车灯光系统，找出灯光不亮现象。

（2）诊断灯光不亮的原因。

（3）更换故障件，排除故障。

3. 操作要求

（1）正确使用工具。

（2）诊断方法、流程正确。

（3）准确诊断故障的原因。

（4）排除故障应完全、彻底。

（5）符合安全操作规程。

（6）在 15 min 内完成。

汽车驾驶员（五级）操作技能鉴定

试题评分表及答案

考生姓名：　　　　　　　　　　准考证号：

<table>
<tr><td colspan="2">试题代码及名称</td><td colspan="4">1.2.1　照明、仪表故障诊断与排除——排除汽车照明灯光不亮故障</td><td colspan="3">考核时间</td><td colspan="3">15 min</td></tr>
<tr><td colspan="2" rowspan="2">评价要素</td><td rowspan="2">配分</td><td rowspan="2">等级</td><td rowspan="2" colspan="2">评分细则</td><td colspan="5">评定等级</td><td rowspan="2">得分</td></tr>
<tr><td>A</td><td>B</td><td>C</td><td>D</td><td>E</td></tr>
<tr><td rowspan="5">1</td><td rowspan="5">正确使用工具；操作符合安全规程</td><td rowspan="5">5</td><td>A</td><td colspan="2">开关操作方法正确；工具使用正确；操作过程符合安全规程</td><td rowspan="5"></td><td rowspan="5"></td><td rowspan="5"></td><td rowspan="5"></td><td rowspan="5"></td><td rowspan="5"></td></tr>
<tr><td>B</td><td colspan="2">工具使用有 1 处不恰当；操作过程符合安全规程</td></tr>
<tr><td>C</td><td colspan="2">工具使用有 2 处以上不恰当；操作过程符合安全规程</td></tr>
<tr><td>D</td><td colspan="2">工具不会使用或操作过程中有不符合安全规程的地方</td></tr>
<tr><td>E</td><td colspan="2">未答题</td></tr>
<tr><td rowspan="5">2</td><td rowspan="5">诊断故障的原因应准确；排除故障应完全、彻底</td><td rowspan="5">15</td><td>A</td><td colspan="2">故障诊断方法正确，诊断流程合理；故障排除彻底</td><td rowspan="5"></td><td rowspan="5"></td><td rowspan="5"></td><td rowspan="5"></td><td rowspan="5"></td><td rowspan="5"></td></tr>
<tr><td>B</td><td colspan="2">诊断流程不规范，诊断结果正确；故障排除彻底</td></tr>
<tr><td>C</td><td colspan="2">能正确诊断故障，排除方法有误</td></tr>
<tr><td>D</td><td colspan="2">故障诊断错误</td></tr>
<tr><td>E</td><td colspan="2">未答题</td></tr>
<tr><td rowspan="5">3</td><td rowspan="5">在规定时间内完成</td><td rowspan="5">5</td><td>A</td><td colspan="2">提前 5 min 完成</td><td rowspan="5"></td><td rowspan="5"></td><td rowspan="5"></td><td rowspan="5"></td><td rowspan="5"></td><td rowspan="5"></td></tr>
<tr><td>B</td><td colspan="2">提前 2 min 完成</td></tr>
<tr><td>C</td><td colspan="2">在 15 min 内完成</td></tr>
<tr><td>D</td><td colspan="2">在规定时间内仅完成小部分操作</td></tr>
<tr><td>E</td><td colspan="2">未答题</td></tr>
<tr><td colspan="2">合计配分</td><td>25</td><td colspan="8">合计得分</td><td></td></tr>
</table>

考评员（签名）：

等级	A（优）	B（良）	C（及格）	D（差）	E（未答题）
比值	1.0	0.8	0.6	0.2	0

“评价要素”得分＝配分×等级比值。

汽车驾驶员（五级）操作技能鉴定

试　题　单

试题代码：2.1.1。

试题名称：维修技能（一）——测量气缸压力。

考核时间：15 min。

1. 操作条件

（1）汽油发动机台架（如：EQ6100）。

（2）气缸压力表。

（3）火花塞套筒（与发动机配套）。

（4）常用工具 1 套。

2. 操作内容

（1）拆卸火花塞。

（2）测量各缸汽缸压力。

（3）安装火花塞。

3. 操作要求

（1）正确使用汽缸压力表和火花塞套筒。

（2）起动机使用应符合规定。

（3）操作流程符合规范。

（4）测量结果完全正确。

（5）符合安全操作规程。

（6）在 15 min 内完成。

汽车驾驶员（五级）操作技能鉴定

试题评分表及答案

考生姓名：　　　　　　　　准考证号：

<table>
<tr><td colspan="2">试题代码及名称</td><td colspan="3">2.1.1　维修技能（一）——测量气缸压力</td><td colspan="2">考核时间</td><td colspan="4">15 min</td></tr>
<tr><td colspan="2" rowspan="2">评价要素</td><td rowspan="2">配分</td><td rowspan="2">等级</td><td rowspan="2">评分细则</td><td colspan="5">评定等级</td><td rowspan="2">得分</td></tr>
<tr><td>A</td><td>B</td><td>C</td><td>D</td><td>E</td></tr>
<tr><td rowspan="5">1</td><td rowspan="5">操作过程</td><td rowspan="5">10</td><td>A</td><td>汽缸压力表、起动机使用符合规定；操作流程符合规范；操作符合安全规程</td><td rowspan="5"></td><td rowspan="5"></td><td rowspan="5"></td><td rowspan="5"></td><td rowspan="5"></td><td rowspan="5"></td></tr>
<tr><td>B</td><td>汽缸压力表使用不够熟练，起动机的使用方法正确；测量方法、流程正确；操作过程符合安全规程</td></tr>
<tr><td>C</td><td>测量方法、流程不正确或操作过程不符合安全规程</td></tr>
<tr><td>D</td><td>测量方法、流程不正确；操作过程中有不符合安全规程的地方</td></tr>
<tr><td>E</td><td>未答题</td></tr>
<tr><td rowspan="5">2</td><td rowspan="5">测量结果</td><td rowspan="5">10</td><td>A</td><td>测量结果完全正确</td><td rowspan="5"></td><td rowspan="5"></td><td rowspan="5"></td><td rowspan="5"></td><td rowspan="5"></td><td rowspan="5"></td></tr>
<tr><td>B</td><td>测量结果误差在±0.01 MPa 内</td></tr>
<tr><td>C</td><td>测量结果误差在±0.03 MPa 内</td></tr>
<tr><td>D</td><td>测量结果误差大于±0.03 MPa</td></tr>
<tr><td>E</td><td>未答题</td></tr>
<tr><td rowspan="5">3</td><td rowspan="5">在规定时间内完成</td><td rowspan="5">5</td><td>A</td><td>提前 5 min 完成</td><td rowspan="5"></td><td rowspan="5"></td><td rowspan="5"></td><td rowspan="5"></td><td rowspan="5"></td><td rowspan="5"></td></tr>
<tr><td>B</td><td>提前 2 min 完成</td></tr>
<tr><td>C</td><td>在 15 min 内完成</td></tr>
<tr><td>D</td><td>在规定时间内仅完成小部分操作</td></tr>
<tr><td>E</td><td>未答题</td></tr>
<tr><td colspan="2">合计配分</td><td>25</td><td colspan="7">合计得分</td><td></td></tr>
</table>

考评员（签名）：

等级	A（优）	B（良）	C（及格）	D（差）	E（未答题）
比值	1.0	0.8	0.6	0.2	0

"评价要素"得分＝配分×等级比值。

汽车驾驶员（五级）操作技能鉴定

试　题　单

试题代码：2.2.1。

试题名称：维修技能（二）——轮毂轴承松紧度检查与调整。

考核时间：15 min。

1. 操作条件

（1）整车或台架（如：CA1091）。

（2）千斤顶。

（3）常用工具 1 套。

2. 操作内容

（1）拆卸轮胎。

（2）检查、调整轮毂轴承松紧度。

（3）安装轮胎。

3. 操作要求

（1）应能正确使用工具。

（2）轮毂轴承松紧度检查、调整的方法正确。

（3）操作流程符合规范。

（4）调整后轮毂转动灵活、轻松，无卡滞；轴向无明显间隙。

（5）符合安全操作规程。

（6）在 15 min 内完成。

汽车驾驶员（五级）操作技能鉴定

试题评分表及答案

考生姓名：　　　　　　　　准考证号：

<table>
<tr><td colspan="2">试题代码及名称</td><td colspan="3">2.2.1　维修技能（二）——轮毂轴承松紧度检查与调整</td><td colspan="3">考核时间</td><td colspan="3">15 min</td></tr>
<tr><td colspan="2" rowspan="2">评价要素</td><td rowspan="2">配分</td><td rowspan="2">等级</td><td rowspan="2">评分细则</td><td colspan="5">评定等级</td><td rowspan="2">得分</td></tr>
<tr><td>A</td><td>B</td><td>C</td><td>D</td><td>E</td></tr>
<tr><td rowspan="5">1</td><td rowspan="5">操作过程</td><td rowspan="5">10</td><td>A</td><td>能正确使用量具、工具，操作符合安全规范；掌握轮毂轴承松紧度检查、调整的方法</td><td rowspan="5"></td><td rowspan="5"></td><td rowspan="5"></td><td rowspan="5"></td><td rowspan="5"></td><td rowspan="5"></td></tr>
<tr><td>B</td><td>调整方法、流程正确；操作过程符合安全规程；使用量具、工具不够规范</td></tr>
<tr><td>C</td><td>调整方法、流程不正确；能基本完成调整作业</td></tr>
<tr><td>D</td><td>调整方法不正确；操作过程不符合安全规程</td></tr>
<tr><td>E</td><td>未答题</td></tr>
<tr><td rowspan="5">2</td><td rowspan="5">测量结果</td><td rowspan="5">10</td><td>A</td><td>调整后轮毂转动灵活、轻松，无卡滞；轴向无明显间隙</td><td rowspan="5"></td><td rowspan="5"></td><td rowspan="5"></td><td rowspan="5"></td><td rowspan="5"></td><td rowspan="5"></td></tr>
<tr><td>B</td><td>调整后轮毂转动灵活、轻松，无卡滞；轴向间隙稍大</td></tr>
<tr><td>C</td><td>调整后轮毂转动灵活、轻松，无卡滞；轴向间隙大于标准</td></tr>
<tr><td>D</td><td>调整后轮毂转动不灵活</td></tr>
<tr><td>E</td><td>未答题</td></tr>
<tr><td rowspan="5">3</td><td rowspan="5">在规定时间内完成</td><td rowspan="5">5</td><td>A</td><td>提前 5 min 完成</td><td rowspan="5"></td><td rowspan="5"></td><td rowspan="5"></td><td rowspan="5"></td><td rowspan="5"></td><td rowspan="5"></td></tr>
<tr><td>B</td><td>提前 2 min 完成</td></tr>
<tr><td>C</td><td>在 15 min 内完成</td></tr>
<tr><td>D</td><td>在规定时间内仅完成小部分操作</td></tr>
<tr><td>E</td><td>未答题</td></tr>
<tr><td colspan="2">合计配分</td><td>25</td><td colspan="7">合计得分</td><td></td></tr>
</table>

考评员（签名）：

等级	A（优）	B（良）	C（及格）	D（差）	E（未答题）
比值	1.0	0.8	0.6	0.2	0

“评价要素”得分＝配分×等级比值。